U0184285

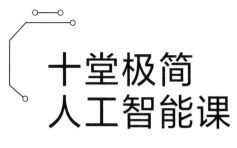

# 十堂极简
# 人工智能课

[英]彼得·J.本特利 著

许东华 译

译林出版社

**图书在版编目（CIP）数据**

十堂极简人工智能课 ／ （英）彼得·J. 本特利（Peter J. Bentley）
著；许东华译. —南京：译林出版社，2023.5（2024.5重印）
书名原文：10 Short Lessons in Artificial Intelligence & Robotics
ISBN 978-7-5447-9576-0

Ⅰ.①十… Ⅱ.①彼… ②许… Ⅲ.①人工智能－普及读物 Ⅳ.①TP18-49

中国国家版本馆 CIP 数据核字（2023）第 014005 号

*10 Short Lessons in Artificial Intelligence & Robotics* by Peter J. Bentley
Copyright © 2020 by Peter J. Bentley
This edition arranged with Michael O'Mara Books Limited
through Big Apple Agency, Inc., Labuan, Malaysia
Simplified Chinese edition copyright © 2023 by Yilin Press, Ltd
All rights reserved.

著作权合同登记号　图字：10－2020－468 号

**十堂极简人工智能课** ［英国］彼得·J. 本特利／著　许东华／译

责任编辑　陶泽慧
装帧设计　薛顾璨
校　　对　孙玉兰
责任印制　单　莉

原文出版　Michael O'Mara Books Limited, 2020
出版发行　译林出版社
地　　址　南京市湖南路 1 号 A 楼
邮　　箱　yilin@yilin.com
网　　址　www.yilin.com
市场热线　025-86633278
排　　版　南京展望文化发展有限公司
印　　刷　徐州绪权印刷有限公司
开　　本　850 毫米 ×1168 毫米　1/32
印　　张　6.375
插　　页　4
版　　次　2023 年 5 月第 1 版
印　　次　2024 年 5 月第 2 次印刷
书　　号　ISBN 978-7-5447-9576-0
定　　价　49.00 元

版权所有·侵权必究
译林版图书若有印装错误可向出版社调换。质量热线：025-83658316

## 关于作者

彼得·J. 本特利（Peter J. Bentley）博士，伦敦大学学院计算机系荣誉教授，科普作家。研究领域涵盖进化算法、计算发展、人工免疫系统等。著有《数字之书》《数字生物学》和《十堂极简人工智能课》等。

## 关于译者

许东华，厦门大学学士，美国佐治亚理工学院博士。现就职于谷歌，从事大规模智能系统研发。曾翻译出版科幻名著《仿生人会梦见电子羊吗?》《未来学大会》等。

从人脸识别到AlphaGo，从无人驾驶到全球经济管理，人工智能作为21世纪最有潜力的一门技术，已经全面渗透了我们的生活，也彻底改变了我们的行为方式。

如今，我们既离不开人工智能，也无法摆脱它对我们生活的影响。那么，这门技术到底是如何发展起来的？人工智能背后的运行逻辑是什么？它会让我们的生活变得更好，还是会带来更多的问题？我们每个人的工作是否终将被人工智能所取代？

作为一部几乎没有门槛的人工智能入门作品，本书审视并回答了上述问题。读完之后，你将对人工智能形成一套完整且系统化的认知。

# 目  录

# 导 论

我成长于20世纪70年代，那时候既没有互联网，也没有万维网，人们买得起的第一批家用计算机刚刚开始出现。在那个年代，只有像我这样彻头彻尾的书呆子才会对计算机感兴趣。是的，我就是那个孩子，在学校羞怯内向，在家里多能多产，会造一些稀奇古怪的机器人，会给计算机编程，会制作一些简单的电脑游戏。我渴望最新的计算机，就像别的孩子渴望兰博基尼。它是那样的神奇，但又让人买不起！所谓人工智能就是让我的计算机开始思考，开始模拟生物体的行为，并控制我的机器人，它正是我童年的爱好。但对我周围的人来说，这种爱好大概就像集邮在今天看起来那样令人晦涩难解。

但现在世事变迁，天翻地覆。今天我们的生活就像科幻故事成真一样。计算机统治了世界。我们做的任何事都会产生洪流一般的数据。工厂里的机器人在生产产品。我们的家已经计算机化，我们可以跟电子家庭助理交谈，并得到详尽、有条理的回答。在幕后，人工智能让这一切成为可能。我曾经令人晦涩难解的童年爱好，现在不但已经是主流，而且被普遍认为是我们如今创造的最重要的技术之一。

在现代世界里，你每天都在生活中跟无数的人工

1

智能和机器人打交道，或受到它们的影响。每次你用电子支付买个什么东西，人工智能都在处理你的金钱，检查欺诈交易的可能性，用你的数据来更好地理解你，并向你推荐新产品。每次你开车，人工智能都在帮助车辆安全行驶，它们通过路上的摄像头观察你，自动改变限速，它们识别出你的车牌，监控你的行动。每次你在社交媒体上发布内容，人工智能可能都会扫描你的文字，试图理解你对某个话题的情绪。你在网上浏览，阅读新闻或博客的时候，人工智能都会监控你的行为，试图找出更多你喜欢的内容喂给你，以此来取悦你。每次你拍个照，人工智能都会自动调整摄像头的设置，确保拍出最好的照片，然后为你识别出照片中的每一个人。人脸识别、语音理解、在网上或电话里自动回答你的问题——这些都是人工智能执行的任务。在你家里，你有智能电视、智能冰箱、智能洗衣机、中央冷暖空调系统——这些统统都是人工智能控制的设备。世界经济是由人工智能来管理的，金融交易是由人工智能操作的，你能不能获得某项金融产品的批准，决定也是人工智能做的。你未来的抗病毒和抗菌药物正在由人工智能设计；你的水、电、气、移动和固定网络连接服务，都由聪明的人工智能算法实时调整，试图优化供给，同时减少浪费。你每天要和上千个人工智能打交道，而你幸福喜乐，对此一无所知。

在这本书里，我将解释人工智能的来龙去脉，它是怎么运作的，以及它意味着什么。这是一本口袋书，所以我会尽量简短。我不会用技术细节把你搞晕，我不会解释每一种人工智能方法，也不会跟你讲述每一位人工智能先驱。那需要一千本这么厚的书才行，而且每天还都要加上更多的书（这个领域进展实在太快了！）。我会带你踏上一段短暂的旅程，去体验一下计算机、机器人和人工建造大脑的奇妙世界。我会指出沿途一些有趣的景点，顺带解释一下人工智能和机器人学背后的一些基础理念。这段旅程有时可能会像过山车，因为人工智能也有起有落。你可能想不到，它的生命已经很长了，遭受过希望破灭的痛楚，也经历过大功告成的兴奋。我们创造出人工智能，是为了把我们的世界变得更好，但在有些情况下它也会导致一些根本性的问题。请系上安全带，享受这趟旅程吧！

彼得·J. 本特利　3

# 第一章
## 人工智能简史

我有信心预言，在十年或十五年后，实验室里出现的机器人将会与科幻小说中闻名遐迩的机器人并无不同。

——克劳德·香农（1961）

你的身边环绕着古典的建筑和雕像，你在鹅卵石街道上穿行，欣赏着希腊岛屿的美丽景色。灼热的太阳现在低悬在天边，留出一个愉快的傍晚让你在镇上漫步。白天的喧嚣忙碌已经淡去，因为卖水果和海鱼的铺子都已经收摊了。只有你自己的脚步声在华美的楼宇之间回响。突然间，你的眼睛注意到街角有什么东西动了一下。可是那里没有人。你又仔细看了一眼。那个石雕，它动了！你紧张地走过去，想看得更仔细些。它的胸膛看来正在起伏，似乎在呼吸。你还在观察时，它的脑袋往左扭了一下，然后往右转了一下。你意识到这不是唯一在活动的石雕。街上所有雕像似乎都动了起来。它们挪动双脚，似乎在调整姿势；它们挥动臂膀，似乎在静默中讨论什么。是不是夜幕降临，它们就会慢慢地活过来？经过密切观察，你意识到它们好像都有隐藏的机械结构，齿轮和轮子呼呼运转。你正身处一个石头机器人的岛上。

## 古老的机器人

这就是 2 400 年前希腊罗德岛的样子。那时候，他们甚至还没建起巨大的罗德岛太阳神铜像。那是个神奇的岛屿，以机械发明著称，包括真人大小的、大理石制成的自动机。有一位名叫品达的古希腊诗人曾经访问罗德岛，他把那段经历写在了诗篇里：

7

活动的人形伫立，
装饰着每一条公共街道，
而石头似乎在呼吸，
或在挪动大理石的脚。

早在罗马帝国诞生之前，公元前400多年的希腊就有这样的机器人技术，似乎不可思议。但有许多古老的例子是史有明文的。由水流和砝码驱动的机械狮会吼叫，金属鸟会唱歌，甚至机械人能在乐队里合奏。所罗门王于公元前970到前931年间在位，据说他身边曾有一头金狮会抬起一只脚帮他登上王座，还有一只机械鹰把王冠戴在他的头上。中国古代也有典籍记载了一个故事，有个名叫偃师的巧匠向周穆王（？—前922年）敬献了一个机械人。数学和力学的奠基人阿基塔斯既是个哲学家，也是柏拉图的好友，他生活于公元前428到前347年，曾造出一只会飞的、用蒸汽驱动的木制机器鸟。亚历山大港的希罗（公元10—70年）写了一整本书来讨论他发明的自动机器，以及液压、气动和机械装置的应用。希罗甚至创造出可编程的提线木偶，使用的丝线事先精细测量好若干段不同长度，用砝码拉动，就能在编排好的机械表演中触发各种动作。

人类对于建造机械生命的这种狂热，到中世纪也未曾衰减。无数的发明家创造出一个又一个机械奇迹，以供娱乐。到了18世纪，这种狂热又被提到了一个新的高度，因为自动工厂机器的发明启动了工业革命。很多耗时费力、需要高度熟练工匠的手工劳动（比如纺织）在一夜间被蒸汽驱动的机器取代了。令人震惊的是，这些机器能以史无前例的速度织造出史无前例的高级布料。有一系列工种都消失了，但又有些新的行业兴起了，因为那些巨大的机器需要不间断的照料和维护。

时光飞逝，我们建造机器的能力飞速增长。火车、汽车、飞机以及精密复杂的工厂逐渐变得平凡普通。随着我们日益依赖自动化机器，机器人及其与生命的相似之处也变得越发诱人。最早期的两部科幻电影《大都会》（1927）和《弗兰肯斯坦》（1931）讲的都是疯狂发明家创造生命的故事，这也许并不是偶然。

到了20世纪，科学家试图通过类比来理解生命本身。他们认为，如果我们能制造出像生命体一样运动和思考的机器人，那么我们就会了解生命背后的奥秘，也即通过创造来理解。这就是我们今天所知道的人工智能和机器人技术的起始。

## 人工智能和机器人学的诞生

最早由人类设计、用来帮助我们理解生命系统的

**威廉·格雷·沃尔特（1910—1977）**

格雷·沃尔特是自主机器人领域的先驱。他的电子乌龟能感知周围环境，向着光亮处运动，并且能躲避可能会撞上的物体。它们甚至能在电池电量太低的时候寻路回到充电站。沃尔特也开拓了其他一些技术，比如用来研究人脑的脑电图仪。他宣称这些简单的机器人相当于只拥有两个神经元，只要加入更多"脑细胞"，它们就能获得更复杂的行为能力。为此他造出了一个更复杂的叫作科拉的版本，并训练这个机器人对警哨声做出反应，就像巴甫洛夫训练狗听到铃声就流口水一样。科拉机器人起初对哨声并没有反应，但如果哨声响起的同时手电筒也亮一下，它很快就能学会把这两种刺激联系起来，后来在只有哨声响起时它也会做出反应，就像看到光亮那样。

自动机器人，是由英国布里斯托的神经学家格雷·沃尔特在20世纪40年代晚期设计的。它们看起来有点像电子乌龟，他把它们命名为埃尔默和埃尔西。格雷·沃尔特所设计的机器人的独特之处在于，它们并不遵循特定的程序。

差不多在构建实验机器人的同时，沃尔特加入了英国一个由极少数青年科学家组成的精英俱乐部，称作"比例俱乐部"。俱乐部里的神经学家、工程师、数学家和物理学家定期聚会，聆听特邀报告，然后讨论各自关于控制论的观点（控制论是关于机器和生物体的通信和自动控制系统的科学）。这是最早的人工智能俱乐部之一。俱乐部里的大多数成员后来都成为各自领域的卓越科学家。其中最热情洋溢的一个数学家名叫阿兰·图灵。

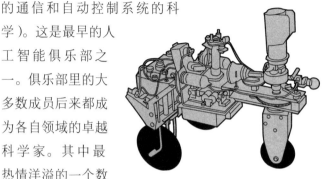

　　到了1950年，图灵已经在萌芽中的计算机领域做出了极大的贡献。他的早期工作提供了基础性的数学证明，例如任何计算机都不可能预知它在运行任意一个给定程序时是否会停止计算，或换句话说，有的问题是不可用计算机计算的。他帮助设计了第一批可编程计算机。他在布莱切利公园的秘密工作于第二次世界大战期间帮助破解了敌方的加密信息。像很多计算领域的先驱一样，图灵对于智能极为沉迷。智能是什么？该怎样造 10出人工智能？就算你有朝一日能造出一台像生命活体一样思考的机器，你又怎么确认它的思考能力呢？图灵认为我们需要一个方法来测试一台机器是否真的能思考。他把这个方法称作"模仿游戏"，不过后来这个方法更广为人知的名字是"图灵测试"。

**图灵测试**

一名讯问者通过打字跟两个人通信，而这两个人分别在不同的房间里。讯问者可以提出任何问题："请写一首诗，以福斯桥为题。"或是"34957加上70764等于多少？"那两个人则各自以打字回应。过了一段时间，讯问者得到提示，那两个人中的一个是计算机。如果他分辨不出来哪个是计算机，哪个是真人，那么我们就可以说这台计算机通过了图灵测试。

图灵测试从此成为人工智能领域的一项重要测试，但也引来了许多批评。虽说这个方法能测试人工智能用深思熟虑的书面语句回答问题的能力，但它衡量不了许多其他形式的人工智能，比如预测和优化，又比如自动控制或计算机视觉等应用。

图灵并不是唯一思考人工智能的计算机先驱。几乎所有的先驱都思考过这个问题。在美国，曾在1945年帮助构想了最早的可编程计算机的数学天才约翰·冯·诺伊曼，也曾与图灵合作试图建造智能机器。冯·诺伊曼的最后一个课题就是自我复制的机器，他希望这个点子能让机器履行人脑的多数工作并自我复制。不幸的是，他还没来得及完成这个课题，就于53岁死于癌症。

克劳德·香农是一手创立了信息论和密码学的另

一个天才，也是把二进制位命名为"比特"的人。他也在人工智能的早期就深深涉足其中。香农造出了一只能自己走迷宫的机器老鼠，一个能下国际象棋的程序。他在晚年还有其他一些稀奇古怪的发明，比如能抛球杂耍的机器人。1955年，香农和另几个先驱约翰·麦卡锡、马文·明斯基、纳撒尼尔·罗切斯特一起倡议举办一场夏季研讨会，把科学家和数学家聚拢起来，用了几个星期的时间深入讨论人工智能。达特茅斯研讨会于1956年举办，持续了六个星期，是第一场专注这个领域的研讨会，探讨（并且命名）了人工智能。这几个星期的讨论产生了一些关键的思想，主导了这个新领域随后数十年的研究。 12

### 达特茅斯夏季人工智能研究专项提案

1955 年 8 月 31 日

约翰·麦卡锡、马文·明斯基、纳撒尼尔·罗切斯特、克劳德·香农

我们提议于1956年夏季在新罕布什尔州汉诺威市举办一个为期两个月的、由十个人参加的专项研究。这个研究的出发点是这么一个猜想：人类学习能力的每个方面，或者说智能的其他特征，原则上都可以精确地得到描述，所以也可以造出机器来予以模拟。项目组致力于探讨如何让机

器使用语言、形式化的抽象和概念，来解决目前只有人类能解决的问题，并且自我改进。我们认为，只要一组精心挑选出来的科学家并肩作战一个夏季，我们就能在其中一个或多个问题上取得重大进展。

## 人工智能的兴衰

达特茅斯研讨会之后的几年里，人工智能迅速激起了越来越多人的兴趣。关于逻辑、问题求解、规划，乃至神经元模拟的新点子不断推动研究者的乐观情绪。因为信息论等领域的新进展，以及描述自然语言里单词怎样装配成完整句子的新规则相继出现，有的研究者觉得机器翻译将会迅速实现。另一些研究者探索着人脑如何使用联结成网络的神经元来学习和做出预测。沃尔特·皮茨和沃伦·麦卡洛开发了最初的神经网络之一；马文·明斯基设计了 SNARC（随机神经模拟强化计算器，这是一台神经网络机器）。到了20世纪60年代早期，就算经验最丰富、

13

**在理论上，我们有可能在流水线上生产出能自我复制的，还能意识到自身存在的大脑。**

**——弗兰克·罗森布拉特，感知机领域的人工智能先驱（1958）**

头脑最聪慧的先驱，都被当时技术的进步冲昏了头脑，他们因此做出的预言有点不切实际。

在这种热情的驱使下，资金源源不绝注入，研究者狂热地投身机器翻译和"连接主义"（神经网络）的课题中。但这时炒作已经太过了。到了1964年，美国金主NRC（国家科研委员会）开始担心机器翻译似乎没有取得什么进展。ALPAC（自动语言处理顾问委员会）考察了问题所在。看来，研究者先前低估了词义消歧（词语的意思会随上下文不同而变化）的难度。结果就是，20世纪60年代的人工智能会犯一些很让人难堪的错误。比如从英文译为俄文再译回英文，"out of sight, out of mind"（眼不见为净）变成了"blind idiot"（瞎眼的白痴）。

14

> **在我们有生之年，机器的通用智力可能会超越我们。**
>
> **——马文·明斯基（1961）**

ALPAC报告的结论是，机器翻译不仅质量不如人工翻译，而且花费昂贵得多。在花了2 000万美元后，NRC因这份报告而砍掉了所有资助，终结了美国的机器翻译研究。同一时间，连接主义研究也开始衰落，因为研究者很难用简单的神经网络来做到什么有用的事情。对神经网络来说，棺材上的最后一颗钉子来自马文·明斯基和西摩尔·派普特出版于1969年的图书《感知机》，书中详述了简单神经元模型的众多局限。这标志着神经网络研究的终结。但情况还会变得更糟糕。随后问世的《莱特希尔报告》应英国国会的委托，对人工智能研究进展做出了评估。数学家詹姆斯·莱特希尔爵士对其提出了毁灭性的批评："大约十年前进入这个领域的工作者大多都承认，他们当年一定程度上天真的乐观情绪，现在看起来是错误的乐观……在建造通用类型的机器人方面取得的成就，远远没达到当初的宏伟目标。"这份报告在全世界引起了强烈反响。美国的DARPA（国防高级研究计划局）砍掉了对人工智能的资助，因为他们意识到在语音理解之类的领域，研究者并没有做出先前许诺的成果。在英国，人工智能方面的资助几乎完全中断，只在三所大学（埃塞克斯大学、萨塞克斯大学、爱丁堡大学）还有所保留。人工智能和智能机器人的信誉已经丧尽。第一个人工智能的冬天降临了。

　　尽管不再受青睐，但仍旧有几位人工智能学者在这个领域继续坚持了十年。早期的工作并没有遗失，其中许多进展只不过变成了主流计算技术的组成部分。最终到了20世纪80年代，人工智能又迎来了一个新突破：专家系统。这些新的人工智能算法把人类专家的知识采集到基于规则的系统里，并执行诸如识别未知分子或诊断疾病之类的任务。人们开发了一些新的编程语言让这一类人工智能得以充分施展，比如Prolog或LISP，并建造了新的专用计算机来高效运行这些语言。专家系统很快被全世界工业界采用，业务蒸蒸日上。人工智能的研究者又能得到资助了。日本分配了8.5亿美金给第五代计算机项目，试图制造

出一种能运行专家系统软件，并且执行一些神奇的任 16
务（比如日常会话，或解读图片）的超级计算机。到
了1985年，DARPA不但在国防部的人工智能部门投
入了10亿多美金，并且注入1亿多美金资助了60个
外部机构的92个课题。人工智能回来了，过度的兴奋
和炒作也回来了。

但是这回也没有

**我们可以预期，到2017
年，我们就能造出与人类智能
匹敌的电脑。**

**——大卫·沃尔茨，推理领域的人工
智能先驱（1988）**

持久。传统计算机的
性能迅速超越了专用
的人工智能机器，人
工智能硬件公司纷纷

倒闭。然后人们发现专家系统极难维护，而且输入有
缺陷的时候，系统输出也容易犯严重错误。人工智能
先前应许的各种能力并没能实现。工业界放弃了这项
新技术，资金再次迅速干涸。第二个人工智能的冬天
开始了。


## 重 生


尽管人工智能再一次失宠，但还是有一些研究仍
在继续。到了20世纪90年代，连人工智能这个名词
都容易让人联想到失败，所以相关技术纷纷穿上了别
的伪装：智能系统、机器学习、现代启发式方法。其 17
进展还在持续，只不过成果都被吸收到别的技术中。

**到2029年，计算机将会拥有跟人类匹敌的智能。**

——雷·库兹韦尔，发明家和未来学家（2017）

很快，一场安静的革命渐渐开始，伴随着更先进的模糊逻辑、更新更强大的神经网络形式、更有效的优化器，以及日益高效的机器学习方法。机器人技术也开始变得更加成熟，尤其是伴随着新一代更轻便、容量更高的电池的普及。云端计算平台让便宜的大规模计算成为可能；人们每天生成的海量数据让人工智能有充分的例子可以学习。人工智能和机器人学慢慢地带着更强的活力回到了这个世界。人们再次兴奋起来，但这回也带着些许畏惧。

如今我们迎来了一个新的人工智能夏天，全世界有成千上万的人工智能初创公司忙于把它应用于

**我们不应当盲目地认为我们有能力把超级智能精灵永远锁在瓶中。**

——尼克·博斯特罗姆，牛津人类未来学院院长（2017）

新的场景。所有的主要科技公司（苹果、微软、谷歌、亚马逊、微博、华为、三星、索尼、IBM——这个单子可以无穷无尽地列下去）一共往人工智能和机器人学研究投资了数百亿美金。普通消费者如今能买到基于人工智能的产品了：能识别语音的家居智能中心、能识别指纹和人脸的电话、能识别笑脸的照相机、把一些驾驶任务自动化的汽车、帮你清扫屋子的自动吸尘器。在幕后，人工智能也正通过千百种细微的途径帮助我们：能诊断疾病的医疗扫描仪、调度送货司机

18

**大多数公司主管都知道，人工智能有能力改变他们经营业务的几乎所有方面，到2030年可能会给全球经济做出高达15.7万亿美元的贡献。**

**——普华永道（2019）**

的优化器、工厂里的自动质量控制系统、能发现你的花钱模式的变化并即时停用你的信用卡的欺诈检测系统、能蒸出完美米饭的模糊逻辑电饭锅。就算我们将来再次决定不把它叫作人工智能，这种技术也已经遍布在我们的生活中，不可能消失了。

这个领域从来没有过这么高涨的兴奋情绪、这么繁多的研究人员、这么用之不尽的钱、这么疯狂的

鼓噪。尽管人工智能的流行程度有起有落，研究的进展却从来没停止过。今天的成果是人类在这些神奇技术里注入的几千年心血的结晶。要是有哪个时代能被称为人工智能的黄金时代，那就是现在。这些无与伦比的智能技术不仅仅在帮助我们，而且也向我们揭示了智能本身究竟意味着什么，并且向我们提出了深刻的哲学问题：我们应该允许技术做什么。我们的未来已经和智能设备密

19

**成功创造出真正的人工智能，将会是人类历史上最重大的事件。不幸的是，它也可能是人类的最后一件大事，除非我们学会如何避开风险。**

**——斯蒂芬·霍金（2014）**

切相连，我们必须小心越过炒作和误信的雷区，同时学会接受人工智能和机器人进入我们的生活。

以下每一章，我都会向你展示迄今最出类拔萃的人工智能发明，以及它们对我们的未来意味着什么。

20　欢迎来到人工智能和机器人学的世界。

# 第二章

# 选对路径

我决不瞎猜。这种糟糕的习惯只会毁坏逻辑思维能力。

——阿瑟·柯南·道尔

不管直觉论者如何看待时钟，
我看待证据时，却不再是我，
或者真实只在一定程度上具有数学性，
而它的元素断言：这就是。

它诞生自
现在的我无惧于蕴含的
公理格式。

眼睛，一种年轻的概念。
此时即数学的永恒。

　　这也许算不上世界上最好的诗，但这么一组四行诗、俳句和联句的组合是由人工智能在一瞬间生成的。它只是在试图用莎士比亚十四行诗的风格来表达关于逻辑的观念。当我们阅读这首诗的时候，我们可能会在字里行间找到某种深层意义。人工智能不知怎么地捕捉到了某种东西，能让我们沉思，诗里是不是要表达什么含义。

　　在这个例子里，这首诗很不幸没有什么含义。计算机生成这些诗的时候，只是遵循了一套定义每种诗歌结构的规则。（比如说，俳句不押韵，有三行，分别有五、七、五个音节；而联句有两行，可押韵可不押韵。）这些词是从源文本里随机选取的（源文本有好几段，包括一段逻辑的历史，一首莎士比亚的十四行诗，还有冯·诺依曼写于1927年的一篇关于逻辑的论文中的一小节）。如果选用了另一些源文本和另一套规则，人工智能就会用你定义的任何风格批量造出你想要的任何主题的诗歌。

## 符号人工智能

在符号处理中，单词被当成遵循一套规则、互相关联的符号。这就好像单词是你可以随意移动操纵，或者改变形态的对象，如同数学规则允许我们操纵各种数字。符号人工智能让计算机能用单词来思考。

**思维本来是个不可捉摸、不可名状的东西，直到现代形式逻辑把思维解释成对形式符号的操控。**

**——艾伦·纽厄尔（1976）**

符号人工智能是最早、最成功的人工智能形式之一，这可能并不意外，因为它的基础是数十年前刚发展出来的新逻辑思想。20世纪初的时候，伯特兰·罗素、库尔特·哥德尔和大卫·希尔伯特等数学家就已经在探索数学的极限，试图弄清楚是不是所有东西都是可证明的，或者说，会不会有什么东西可以在数学里表达出来，却是不可证明的。他们成功证明了，整个数学都可以简化成逻辑。

逻辑是一种极为强大的表示方法。逻辑里头表达的任何东西都必须是真或假，这就允许我们表达知识。比如说：下雨为真，刮风为假。逻辑运算允许我们表

达更复杂的思想：如果下雨为真而且刮风为假，那么
"打伞"为真。这个小小的逻辑表达式也可以用一张真
值表来展示：

| 下　雨 | 刮　风 | 打　伞 |
|:---:|:---:|:---:|
| 假 | 假 | 假 |
| 真 | 假 | 真 |
| 假 | 真 | 假 |
| 真 | 真 | 假 |

23

　　在数学里，当我们证明一个东西的时候，我们证
明的是，我们的假设可以从逻辑上确保结论。数学就
建立在这种证明的基础上。所以如果我们有两个假设
说"所有人都是高尚的"，以及"苏格拉底是一个人"，
那我们就可以证明"苏格拉底是高尚的"。

　　谓词逻辑是一种相对复杂和常用的逻辑，它甚至
允许我们把一般的语句转换成一种逻辑标记（通常称
为形式逻辑表达式）。而逻辑的力量如此强大，最早的
符号人工智能先驱坚信，只需要符号逻辑就能达到真
正的智能。

　　这种信念的根基是如下这种思想：人类智能完全
就是对符号的操纵。这些研究者论证说，我们对周遭
世界的观念，都在脑中编码成了符号。关于椅子和坐

25

## 谓词逻辑中的罗素悖论

请思考一下由伯特兰·罗素提出的这个悖论："有个人只给这样一种人理发：这种人不给自己理发。"这是个悖论，因为如果这个人给自己理发，那按规则他就不能给自己理发。但如果他不给自己理发，那按规则他就必须给自己理发。我们可以把这个规则写成一个看起来挺复杂的符号逻辑表达式：

$$(\exists x)\ (man\ (x)\ \wedge\ (\forall y)\ (man\ (y)\ \rightarrow$$
$$(shaves\ (x,\ y) \leftrightarrow \neg shaves\ (y,\ y))))$$

不要害怕！按字面意思翻译成人类语言，它就是："存在一个事物x，它是一个人，存在所有另一类称作y的事物，它们也是一个人，那么x给y理发，当且仅当y不给y理发。"这样的公式很有用，因为利用这样的谓词逻辑，我们就有可能开始证明一些命题。在这个例子里，你想要揭示这是个悖论，只需要问"那这个人给不给自己理发？"或者写成逻辑表达式，如果x=y会怎么样？把x替换成y，结果是这个表达式和它的逆表达式都为真。换句话说，这个人必须给自己理发，但同时又不能给自己理发，所以这就是悖论。（罗素证明数学是不完备的，他所用的悖论跟这个类似，也就是说，不可能把数学里的所有命题都证明出来。）

24

垫的观念，可以封装于"椅子"和"坐垫"的符号里，以及一些抽象规则，比如"坐垫可以放在椅子上"，和"椅子不能放在坐垫上"。

**物理符号系统，就拥有采取一般智能行为的充分且必要的条件。**

——艾伦·纽厄尔、赫伯特·A.西蒙（1976）

25

## 中文房间

不过有些哲学家并不同意。他们认为操纵符号跟理解符号的含义是截然不同的两回事。约翰·塞尔就是这么一个哲学家，他巧妙地用了一个中文房间的故事来说明他的反对意见。他想象自己身处一个房间里，时不时有张纸条从一个孔洞里被塞进来，纸条上都是中文字符。他拿起纸条，按照中文字符，在房间里一排排的文件柜中查找对应的答案，然后仔细抄在一张新纸条上，从另一个孔洞里塞出去。

从房间外面来看，你似乎可以提出任何问题，并收到合理的答案。但房间里的人并没有取得真正的理解。从始至终，塞尔只是遵循一套既有规则，用一些符号来查找另一些符号。从始至终他都并不理解纸条上说了什么，因为他完全不懂中文。

26

**没有一种逻辑能强大到支撑整个人类知识的建构。**

**——让·皮亚杰，心理学家**

塞尔认为，人工智能在进行符号运算时正是如此。它依据规则来操纵符号，但永远不理解那些符号和规则是什么意思。如果有人提问"熟香蕉是什么颜色？"，人工智能可能会查询答案然后说："黄色。"它甚至可能根据另一些规则来模仿人类语气说："当然是黄色。你以为我是白痴吗？"但是，人工智能并不知道"黄色"是什么意思。它并不能把"黄色"这个符号和外部世界连接起来——因为它既不了解，也从来没体验过外部世界。这种人工智能没有意向性，即没有根据自己的理解做出决定的能力。所以塞尔指出，人工智能只不过在模拟智能："形式符号操纵本身并没有意向性；它们毫无意义。"他解释说："如果计算机表现出哪怕一点意向性，那也只存在于编写程序的人或使用程序的人的脑海中，只存在于送进输入纸条和解释输出纸条的人的脑海中。"

就算它通过了图灵测试，也无关紧要。人工智能只不过是设计出来愚弄我们的机器，就像古代罗德岛的自动机器一样。人工智能很弱，而拥有真正智能的

"强人工智能"可能是永远无法实现的。　　　　　　27

## 搜索逻辑

尽管有各种批评的声音，但是符号处理的思想已经获得了可观的成果。早在 1955 年，纽厄尔、西蒙和肖就开发了有史以来第一个人工智能程序（甚至在人工智能这个词出现之前）。他们把这个程序叫作"逻辑理论家"。在 1956 年的达特茅斯研讨会上，他们自豪地向其他与会者演示了这个程序。这个程序能运用逻辑运算，证明各种数学公式。为了演示，纽厄尔和西蒙把阿尔弗雷德·怀特海和伯特兰·罗素所著的著名数学专著《数学原理》过了一遍，该程序能够证明书中的许多公式，有时甚至能提出比原书更简洁更优雅的证明。

"逻辑理论家"后来又更新了几个版本，其中一个开发于 1959 年的版本被称为"通用问题解算器"。它能够解算一系列各种问题，包括逻辑和物理操作。"通用问题解算器"的效果这么好，是因为它使用了一个技巧：把知识（符号的集合）和操纵符号的方法隔离开。操纵符号的是一种叫作解算器的软件，这种软件使用搜索方法来寻找正确答案。

想象你是一个机器人，必须把一叠不同大小的圆盘从一根立柱移到另一根立柱，并且始终保持每一叠都　28

## 纽厄尔、西蒙和肖

艾伦·纽厄尔是在卡耐基·梅隆大学和兰德公司工作的计算机科学家和认知心理学家。他同西蒙和肖一起合作攻克了"逻辑理论家"课题，并且发明了人工智能领域里许多根本性的技术。纽厄尔还创造了列表处理的概念，后来成为人工智能里一个重要的语言，叫作LISP。程序员约翰·肖创造了链表的思想，这是一种连接数据的方法，从此广泛应用于世界各地的许多编程语言中。除了"通用问题解算器"以外，西蒙还协助开发了几款能下国际象棋的人工智能程序，并且对经济学和心理学做出了贡献。他甚至写下了情感认知方面的最早几篇论文之一，然后在程序中把情感认知实现成可以并行发生的驱动和需求，可以打断并修改程序的行为。纽厄尔和西蒙在卡耐基·梅隆大学创立了一间人工智能实验室，并在20世纪50和60年代在符号人工智能领域做出了许多成就。

29

按从小到大的顺序堆叠。这是一种叫作"河内塔"的游戏。你每次只能移动一个圆盘，并且只能取下一叠圆盘最顶上的那个圆盘，而且不允许把大圆盘放到小圆盘上。应该怎样转移这些圆盘呢？每一次移动，在当前那几叠圆盘面前，你都会面临两个或更多选择：选择这个

圆盘还是那个圆盘？取下后放在这里还是那里？移动完
一个圆盘以后，你又会面临更多选择，做完决定后又会
有更多选择。这个游戏就像是一棵选择树，每一个分
支，如果选对了，都会往正确答案更靠近一步。但面临
这么多选项的时候，应该怎样挑出正确的步骤呢？

　　解决方法就是搜索。人工智能会在时间允许的情
况下，假想做出一个又一个选择，顺着选择树往下走，
并做出判断：走到这一步，我是不是离最终答案更近
了？考虑过足够多的组合以后，它就能找到一条好路
径，这也就意味着可以做出决定——我就把这个圆盘
放在这里。这一步走完后，人工智能就可在新的选择
树里，做更深一层的搜索，并找出下一步决定。 　　30

　　搜索与符号表示相结合，就成了人工智能的标准
方法。无论是下国际象棋或围棋，还是证明一条公式，
还是为机器人规划一条路径来绕开路上的障碍物，人
工智能可能都在搜索千百万，乃至上万亿种不同的可
能性，以达到其目标。
浩渺无际的搜索空间迅
速成为基于搜索的符号
人工智能的最大制约，

**任何能给我们带来新知
识的事物，也能帮助我们变
得更理性。**

**——赫伯特·西蒙（2000）**

31

所以人们发明了许多巧妙的算法来剪除看起来没什么希望的枝干，或者把一个问题划分成多个子问题。一旦减小空间，需要做的搜索就变少了。

然而搜索空间（选项的组合数）仍然是一个巨大的困难。可能有点讽刺意味的是，科学家后来发现，像"通用问题解算器"那样的思路对一般性问题并不实用——因为可能的选择空间大到了难解的地步（也就是在有实际意义的时间限制内根本搜索不完）。虽然这种人工智能可以解决一些像河内塔那样的"积木世界"问题，但是它们驾驭不了现实世界的复杂性。相反，如果每个人工智能专注于一个特定主题，就更有可能成功。制定一套规则来标明每一种疾病跟哪些临床症状相关，计算机就可以提出一系列问题——"你觉得痛吗？""是剧痛还是闷痛？""什么地方痛？"——并根据这些症状，匹配出一种或多种可能的疾病。这种人工智能后来被称作专家系统，曾经一度极其流行（也许有点流行过头了，正如我们在前一章看到的那样）。虽然大型专家系统苦于难以维护，但这种目标明确的系统至今仍然应用于医疗诊断、汽车工程师支持系统、欺诈检测系统，以及推销员所用的互动脚本。

## 储存知识

符号人工智能里的许多思想，关乎以怎样的方式表示信息最好，以及怎样使用这些信息。许多规则和结构化的框架已经和面向对象的编程语言相融合，有许多强大的方法能储存知识。例如继承性：父类对象"树"可能包含子类对象"橡树"和"桦树"。又或者消息传递：一个对象"卖家"可以发一个参数"百分之十折扣"给另一个对象"价格"，触发"价格"的改变。人们创造出了整套整套的知识表示语言，有时又称为本体，各带不同的复杂结构和规则。其中许多本体是基于逻辑的，可以跟自动推理系统结合起来，用于推导出新的事实，而新的事实又可加入知识库中；或者可用于检查已有事实的一致性。比如说，人工智能已经学会"自行车"是一种用"两个轮子"的"脚踏交通工具"。如果"双座自行车"是一种"脚踏交通工具"，同样也有"两个轮子"，那么系统就可以轻易推导出一个新事实："双座自行车是一种自行车。"不过另一种"没有轮子"的"脚踏交通工具"并不符合这个规则，那么人工智能就能断定"脚踏船"不是一种"自行车"。

随着互联网的发展，收集整理大量的事实变得越来越容易。通用人工智能领域有几个大项目都在试图把尽量多的知识综合起来，让人工智能在多个不同的领域能帮得上我们。其中一个项目叫作Cyc，几十年来持续不断地把常识性的事实和关系编织成一个巨大的知识库。

有一位计算机科学家已经在这条路上走了很远。

33

威廉·滕斯塔尔-佩多创建了一个叫作"真知"的系统，用互联网用户提供的3亿条事实组成了巨大的知识网络。2010年，滕斯塔尔-佩多决定，既然他的这套人工智能系统的知识这么广博，他就要向它提一个没有人类能答上来的问题。"我们突然想到，知识库里有3亿条事实，其中很大一部分把事件、人物和地点与时间相连，那么它就可以为如下问题给出一个客观的、独一无二的答案：'20世纪历史上最无聊的日子是哪一天？'"

33

"真知"查遍了系统已知的20世纪的每一天，断定答案是1954年4月11日。这一天，比利时举行了一场大选，土耳其一位还算成功的学者出生，还有一位名叫杰克·沙弗博特姆的足球运动员去世。跟其他日子比起来，这是事件最少的一天了，于是人工智能断定这是最无聊的一天。"真知"最终演化成Evi，一个可以让你用语音提问并得到答案的人工智能系统。2012年，Evi被亚马逊收购，成了亚马逊echo，成了西方世界家喻户晓的能说话的家居人工智能。

今天，符号人工智能伴随着互联网一起成长。像Cyc和Evi这类人工智能依赖成千上万的用户手工提供各种概念，但万维网的发明者蒂姆·伯纳斯-李爵士很久以来一直在推动这么一个观念："万维网"应该成为所有概念连接而成的"全球图"（巨型全球知识图）。网站建设者不应该仅仅做让人使用的网站，而是应该把网站做成能让计算机理解的格式。传统上，网站其实像文档，有文字、图片和视频，或者像程序，填个表或按个键就能触发特定的反应。在蒂姆的梦想中，在每个网页里，所有概念都应标明名字和唯一识别码。这个梦想被人们称为"语义网"，在这个网络中，网站成了概念的数据库，每个元素本身都是一个独立的对象，有清楚的文本标签和类型。如果整个"万维网" 34 真的变成"全球图"，那么人工智能就能够用全世界的知识来搜索、演绎和推理。

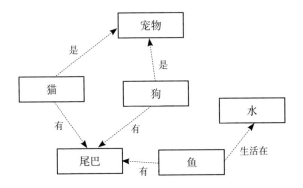

不幸的是，世界上大多数的网站开发者并没有采纳这个伟大的构想。每天上线的巨量数据，多数都采用人工智能难以识别的格式。然而随着数据的急剧增长，自动识别、分类这些数据的需求也变得越来越迫切。2019年，我们估计80%的新数据是无结构的——也就是没有统一的、计算机能理解的知识表示方法，比如文本档案、图片、视频。（不妨想一想，你每天写的电子邮件或报告都是"自由文本"——也就是说并没有手工分割成一个个小节来打上标签。或者你用手

35　机拍的那些照片或视频——你并没有翻遍它们的每一个角落，去标记每一个场景或画面中的每一个物件。）与此同时，数据量还在每年迅速增长。到了2019年，全球已经有了44亿互联网用户，五年间增长了80%，每天有2 930亿封电子邮件发送出去。每一秒钟，谷歌有40 000次搜索，推特有7 800条

> **我有一个梦想……有一天，机器能够分析网上的所有数据……所有生意、官僚手续和日常生活的运作，都交付给机器，由它们自己互相交谈解决问题，人类只需要负责提供灵感和直觉。**
>
> **——蒂姆·伯纳斯-李（2000）**

新帖。越来越多的公司把互联网作为它们生意的一部分，也会产生庞大的数据量。2016年，全世界每天生成440亿Gb的数据。据估计到2025年，我们每天会生成4 630亿Gb的数据。

　　我们别无选择，没有人能完全处理这种天量的数据。我们唯一的希望是用人工智能来协助我们。幸运的是，我们会在以后的章节看到，还有其他形式的人工智能可以处理无结构、无标记的数据，自动给数据打上符号标记，由此为符号人工智能提供它们所需的格式，让

36　它们能够用这些数据来思考。这究竟是真的智能（强人工智能）还只是某种"伪装的智能"（弱人工智能），最终也许无关紧要。依据一套规则来处理符号的网络，让我们的计算机能理解整个浩瀚的数据宇宙。也许有一

37　天，伯纳斯-李的梦想会成为现实。

# 第三章
## 我们都会犯错

我们并不靠遵循规则来学会走路。我们靠直接尝试，靠反复跌倒来学习走路。

——理查德·布兰森

我们正观看一幕粗糙的电影画面。画面里有一台形状古怪的机器人，看起来就像个带滚轮的摇摇摆摆的复印机，顶上是一个摄像机充当脑袋。它正在一个遍布彩色大块立方体和其他简单形状物件的空间里转来转去。背景里是戴夫·布鲁贝克演奏的柔和的爵士乐曲《休息一下》。话外音响起，背景里还带点尖厉的吱吱声：

> 我们正在斯坦福研究院试验一种可移动的机器人。我们把他叫作"摇摇"（Shakey）。我们的目标是让摇摇掌握一些跟智能相关联的能力，比如计划和学习。虽然摇摇看起来简单，但是用来计划和协调其活动的程序很复杂。这项研究的主要目的是学习如何设计这些程序，让机器人可以被部署到从太空探索到工厂自动化的各种任务当中。

这是1972年最尖端的机器人。摇摇（它的"大脑"其实在别处，位于一台硕大的大型机里头）可以用摄像头识别周围的简单物件，给这个简单的世界建模，计划出往哪里走，做些什么，并预测自己的行动会如何改变自己内部的模型。摇摇并不敏捷，也不算聪明，但它代表了人工智能研究的一次革命。有史以来第一次，人工智能让

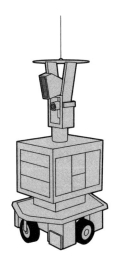

机器人能够自己在世界（虽然仍旧是个很干净的环境）里导航，做出各种动作。

这是个极好的开端，可惜科学家发现这个方法并不灵光。所有计划和决策都需要大量的计算资源，加上当时很有限的视觉系统，摇摇等机器人既行动缓慢又不稳定，无法应付杂乱无章的真实世界环境。这是当时公认的建造智能机器人的方法，但研究者们发现想要取得进展变得越来越难。在人工智能研究里，直截了当而符合逻辑的思维方式开始受到挑战：我们需要处理凌乱环境的方法。这种挑战导致人工智能研究里形成了两大阵营："整洁派"和"混乱派"。

## 大象不下象棋

"整洁派"学者喜欢设计精密并且能从数学上得到证明的方法；"混乱派"宣称这类方法最多只能用于人造的积木世界（类似河内塔游戏）。如果你想造出能理解并探索真实世界的机器人，那么假设一个完美无瑕、单凭逻辑运行的环境，只会导致失败。iRobot 公司创始人、Roomba 扫地机器人的发明者罗德尼·布鲁克斯在开创性的文章《大象不下象棋》里总结了他的批判意见。他认为人工智能学界对逻辑游戏的关注，跟现实世界的智能行为完全扯不上关系。棋下得好，并不能帮助你行走、躲避障碍，或应对不停变化的现实

## 20世纪60年代的机器人

制造机器人真的很麻烦。光是让它们移动起来就已经很困难了，而牵涉控制和感知的问题才真正需要人工智能的帮助。在20世纪60年代，人工智能还没法真正胜任这项工作，所以那时的机器人还是挺可怕的。一个例子是"硬顶人"（Hardiman），这是一种在1965到1971年间由通用电气公司开发的机器人。它本来是一种给真人穿戴的自带动力的外骨骼（《异形》电影女主角雷普莉所穿的外骨骼，灵感就来自"硬顶人"），但它到头来只会乱动，没法被有效控制，开发人员最多只能操纵其中一条手臂。相形之下，"霍普金斯之兽"更成功一些，这是早年由格雷·沃尔特设计的"埃尔西"的升级版，由一定数量的早期晶体管控制。它能在约翰斯·霍普金斯大学的实验室走道里随机游荡，还能自动找到墙边的插座充电。"步行卡车"是通用电气于1965年开发的一种机器人。这台巨大的机器原本用来在崎岖地面上运载设备。不过它的运动并不受计算机控制，它需要一个熟练的人类操作员手脚并用来控制它的四条金属腿。

41

世界。机器人不应当在内部建立一个由符号组成的模型，靠操纵和搜索这些符号来做出计划，并根据这种计划来决定自己的行为。相反，要造出实用的机器人，42 我们应该先创建基于现实世界的人工智能。

**我们认为，作为经典人工智能基础符号系统，在根本上就是有缺陷的。**

**——罗德尼·布鲁克斯（1990）**

布鲁克斯是个实干派的科学家。他总结了建造机器人的多年经验，找出了一个与众不同的方法。他论证说，这个世界就是它自己的最好模型，所以我们应该让现实世界直接影响机器人的行为，不需要通过任何符号——我们应当直接把感知连接到行动上。

正如我们在第一章里看到的，这种思想最早由格雷·沃尔特用机器乌龟探索过。布鲁克斯把自己的版本叫作"包容体系结构"。在这种思想的指导下，机器人的行为由一系列简单模块控制，每个模块一旦发现自己有更紧急的需求，就可以打断其他模块。可能有一个模块负责让机器人驶向目标，另一个模块负责躲避障碍。第一个模块通常优先级较高，除非有意料之外的物体挡住了去路，触发第二个模块采取闪避动作。布鲁克斯用有限状态机来代表这些行为。

有限状态机是一种常见的机器人"大脑"。其运作首先要确定机器人可能处于哪些"状态"。例如，一个非常简单的机器人可能有三种状态：随机移动、向前移动，以及转弯。它感知到特定条件时，可以从一种状态转换到另一种状态。那样它每一次感知到前进目标时，就会切换到（或维持）向前移动的状态。每当感知到前方有障碍物时，它就切换到（或维持）转弯的状态。如果什么也感知不到，它就切换到（或维持）随机移动的状态（见下图）。这是一种简单的体系结构，机器人随机游荡，躲避障碍，直到找到目标。给这些感知器和效应器连上更多的有限状态机，再依据感知器的状态来提升一些效应器的优先级，就成了一个"包容体系结构"。

43

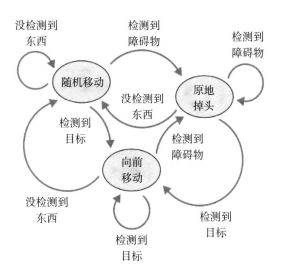

正如布鲁克斯后来解释的："要是我想迅速到达某处，我不会有意识地去想我的脚应落在哪里。我有另一套进程去处理脚步的移动。我有一些不同的进程在同时运行。这就是基于行为的方法的核心思路。"布鲁

44

克斯的六足机器人"成吉思"就总共结合使用了57个有限状态机。

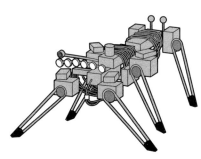

这种方法可以造就运行速度极快的轻量级人工智能,这种机器人比以前的机器人使用的计算量更少,能做到的事情却更多。布鲁克斯通过不计其数的项目和公司演示了这种方法的有效性,开创了许多不同类型的机器人,包括于1997年在火星表面探索了几个星期的"旅居者号"火星探测车,用的也是这种行为控制方法。

## 举止得宜的机器人

后来,人们把包容体系结构从一堆混乱的有限状态机简化成行为树(要表达同样概念,行为树是个更优雅的方法)。游戏产业就采用行为树来驱动"虚拟机器人",它们是在游戏里挑战我们的外星人、怪物和其他非玩家角色。到了2019年,有三分之二的游戏是用最大的两个游戏引擎Unity和Unreal制作的,而这两45 个引擎用的都是行为树方法。

直接把感知与行为连接,一旦需要就能发挥作用

## "旅居者号"火星探测车

"旅居者号"是火星拓荒者计划部署在火星上的一个可移动机器人，它也是第一个能够在另一颗行星表面上漫游探索的机器人。它重达11.5千克，配备有六个轮子，三个摄像头，头顶上还有一块用来发电的太阳能板。它在1997年7月4日登陆火星，平常由一位人类操作员控制。操作员戴着三维头盔，从基站照看机器人。20世纪90年代的技术比今天简单得多，所以其处理器速率只有2兆赫（只有今天计算机的千分之一），内存也只有64K（相当于今天计算机的万分之一）。它甚至没有可充电的电池，一旦原有的电池耗尽，就只有白天能活动，靠太阳能板来驱动。这个机器人离地球如此遥远，控制会有20分钟的延迟，也就是说信号往返（操作员发出一个信号，机器人发来一个回复）需要20分钟的时间。这意味着机器人必须要有自主控制能力，以免在延迟中掉下悬崖或撞上石头。"旅居者号"搭载的包容体系结构让它能够导航、检测到危险因素并主动避让。

46

的、运行绝快的轻量级控制模块，现在已成为实用机器人学的基石。机器人公司波士顿动力提供了一些不可思议的例子，展示出尤其是结合了带弹性的促动器（机器人身上产生运动的部件）来模仿肌肉的动作以后，这类控制系统是多么有效。这家公司的机器狗和

双足机器人被人狠踹一脚以后还能设法维持平衡，这多亏了巧妙的控制系统（同时也结合了其他一些人工智能方法，比如规划器和优化器）。

有了如此神奇的技术，有了日益改进的促动器、传感器、电池和人工智能，那我们一定很快就会生产出宛若人类的机器人，在家里或在工作场合帮助我们了吧？别高兴得太早。人工智能和机器人是很聪明，不过它们都通不过一项最简单的测试：没有一个人工智能机器人能在你家里稳稳当当地走来走去，却不撞着什么东西，也不跌倒。只是简单走走，不被东西绊着，这种动作可能听起来远不如理解语音那么困难。但它在事实上要困难得多。在不可预测的环境里控制机器人至今仍是我们面临的最大挑战之一，这里头有许多因素。要做出平滑优雅的动作，机器人需要越来越多的效应器（马达、气动活塞，以及其他类似肌肉的促动器）和越来越多的传感器。但在杂乱的环境里，更多的效应意

47

味着越发混乱且无法预测的控制问题，更多的传感器意味着汹涌而来的大量数据需要处理和理解，但又有严格的时间限制，因为如果你需要很长时间才能算出一条肢体在哪里，或把那条肢体放错了地方，那你还没反应过来就已经倒在地上了。于是，多数带腿的机器人至今还是会一而再，再而三地跌倒。

**大家认为以后的机器人吸尘器会是什么样？嗯，有些人觉得应该像《杰森一家》中的罗西，一个推着吸尘器的人形机器人。但那是绝对不可能的。**

**——科林·安格尔，iRobot公司总裁**

在现在以及可预见的将来，最有效的机器都不会是人形的：机器的形态只需完美适配它们的职责。我们的工厂里已经充满了机械臂，可以组装各种各样大规模生产的产品。最新的手术室也装备了多种医疗自动机器系统，以协助复杂的手术和生命的维持。你家的洗衣机是机器人。你家的中央供暖或空调设备是机器人。虽然它们不能在你家里到处转悠，但我们还有扫地机器人，它们在多数情况下都还算好用，不会一天到晚被卡住。

48

## 无人驾驶

也许在最近几年里，有机会成为现实并且最激动人心的人工智能机器，正是运载我们的车辆。早在

1980年，业界就有过无人驾驶汽车的演示，有好几个来自美国的项目都造出了能自己行驶数千英里的汽车，且白天和黑夜都能行驶。虽说这些项目很成功，但是当时的计算机视觉还很原始，所以尽管美国的DARPA和陆军、海军都投入了大量的资金，但是真正的突破并没有实现。直到类似深度学习之类的方法让人工智能彻底改观，处理摄像头和激光雷达（三维激光扫描）的系统才实现了质的飞跃。有许多汽车相关企业（特斯拉、Waymo、优步、通用汽车、福特、大众、丰田、本田、沃尔沃和宝马）都把重金注入这项技术。实际上，到了2019年，有40多家公司都在开发各自的无人驾驶车辆。既然现在人工智能可以理解杂乱的环境，无人驾驶车辆也就能够处理许多驾驶情景，从简单的避免撞车的自动刹车，到更复杂点的自动泊车，乃至在一个受控环境里的全自动出租车服务，比如在纽约那个300亩的布鲁克林海军码头。这种技术的潜力惊人，但这类产品的出现也会导致一系列问题。

49

**用户不太接受高程度的自动化，对高度自动化车辆表现出极低的使用意愿。**

**——无人驾驶接受度模型调查（2019）**

　　无人驾驶汽车现在还没有聪明到能够全天候完全自动驾驶。虽然人工智能现在可能识别出一些形状，比如其他车辆或是行人，但它们对所感知的环境缺少真正的理解和判断，其能力尚没有希望与优秀的人类司机比肩。现在还没有一种无人驾驶汽车能够实现完全自动化；它们全都要求人类司机的持续监控。当人工智能被搞糊涂的时候，人类司机就可能要立即接手。并不是所有拥有这种车的人都能完全理解这些汽车的此类问题，结果已经出现了一些无人驾驶导致的致命车祸。即使司机理解了这一点，那种随时保持警觉、瞬间就能接手控制的能力，也并不容易掌握和维持。我们可能需要一种新的驾驶考试。出事故后责任归谁也是个问题。如果你的车撞坏了另一辆车，但并不是你在开车，是应该怪你呢，还是由人工智能司机的生产商来负责？如果一辆全自动出租车撞伤或撞死了人，50那受害者肯定是不能起诉车里的乘客的。

## 社会中的机器人

无人驾驶车辆凸显了把机器人引入社会将会面临的众多困境。整个社会将会不可避免地受这种技术影响，发生深刻变化。推广这样一种把驾驶技能自动化的技术，会让我们自己渐渐失去这一技能，人类司机的开车技术会变得更差而不是更好，也许马路会变得更不安全。另外，假如几年后无人驾驶汽车已经改进得完美无瑕了，那小孩们会不会开始玩"逼停汽车"的游戏，伸出一条腿让人工智能误以为他们想过马路？无人驾驶汽车会不会成为恐怖分子制造人道主义灾难的首选工具，而他们只要黑进系统就行了？还有它对劳动力市场的影响：司机要被机器取代了，而工厂里的工人也有同样的担忧。

> **到2030年，全世界将有多达2 000万个制造业的工作岗位被机器人取代。**
>
> ——《牛津经济学》（2019）

咨询公司的分析师预测，这些新的机器人技术将给低收入群体带来沉重的打击，因为低技能的工作岗位将会流失。然而，它带来的也不全是坏消息。有分析表明，采用机器人技术越快的国家，短期和中期的经济增长就越快，创造新工作的速度也越快。

归根结底，虽然人工智能和机器人看起来很吓人，但这也只不过是一种新技术而已，而人类不断地创造新技术已经有几千年了。

> **机器人会继承我们的地球吗？会的，但它们也会变成我们的孩子。**
>
> ——马文·明斯基（1994）

我们每一次创造新技术，都可能让一些不幸依赖老技术的工作消失。但每一次创新都可能催生全新的产业。工厂可能不需要那么多工人来组装产品了，但需要更多的人来生产、维护和编码机器人。虽然出租车或者货车司机可能会减少，但建筑行业会出现许多新工作来确保道路基础设施适合无人驾驶车辆的行驶，另外我们也需要更多的人来建造和维修这些比以前复

> **我们要问的关键问题，并不是无人驾驶汽车什么时候能准备好上路，而是哪些道路能做好准备迎接无人驾驶汽车。**
>
> ——尼克·奥利弗，爱丁堡大学商学院教授（2018）

51

杂得多的车辆。（更不用说对律师队伍的需求，社会上将会有很多棘手的新官司要打。）　52

　　开发能控制机器人（无论其外观）的人工智能，仍然是热门的研究领域。这个领域仍然有许多未解决的技术问题，可能还要再过几十年，无人监督的人工智能才能在不可控环境里表现得足够安全，让我们放心把生命托付给它们。也许我们应该保留这个选择：是否真的希望由机器全权负责我们的生命安全。机器人总会到来，但我们应该怎样接受自己的造物，取决于我们自己。　53

# 第四章
# 寻找正确答案

一定有更好的解决方法，找到它。

——托马斯·爱迪生

我们的眼前是一条奇特的蛇状物，它似乎由一系列方块组成，却在水中灵活地起伏游动。然后，我们看到了三只方头方脑的蝌蚪状物，在一起优雅地游动，简直能让人忘掉它们是由一块块积木构成。一只乌龟状物游进了我们的视野，它只由五个方块构成——一个代表身体，另外四个代表四足。它坚定地追着一个不时移动的目标游去，在水中熟练地翻转腾挪，像是捕食者在追踪猎物。

这些进化后的虚拟动物，都是计算机图形艺术家和研究者卡尔·西姆斯创造的。这项工作在1994年初次发布后，启迪了数以百计的科学家。他培养的这一批能游泳、走路、跳跃，甚至互相竞争的虚拟动物震惊了整个科学界。虽说它们的身体只不过是一组简单的方块，它们的人工大脑却是个极其复杂的网络，信息经由传感器 的输入，经过大量的数学函数计算和操作，才能产生那些看起来很聪明的动作和表现。它们在一个完美模拟的虚拟世界中运动，有模拟的水让它们游泳，也有模拟的地面和重力以及物理定律，让它们能走、能跑、能跳。

但这并不足以震惊其他科学家。真正石破天惊的突破是，这些动物并不是西姆斯直接编程产生的。他并没有设计这些动物。他并没有生

成它们的身体，也没有创建它们的大脑。他第一次见到这些动物的时候，和其他所有人一样惊奇。西姆斯的虚拟动物是进化而来的。

## 人工生命的进化

西姆斯使用了一种遗传算法来推动虚拟动物的进化。他的品控标准（或称"适应函数"）就是动物能够游、走或跳得多远（越远越好）。为解决这个问题，他的遗传算法让这些虚拟动物的身体和大脑一起进化。西姆斯甚至不知道最后进化出来的这些答案是怎么解决问题的。但他看到，这些答案确实解决了问题。在1994年的国际模拟和适应性行为会议上，西姆斯在向目瞪口呆的听众们描述他的工作时，解释了那些动物的大脑变得多么复杂。乌龟状动物的身体可能只是五个简单的方块，但它的大脑如果打印出来，打印纸的长度延伸出去能覆盖会议大会堂的很大一部分。"这让我们得以超越我们自己的设计能力。如果由我自己来连接传感器、神经元和效应器，我可能永远也找不到一个好答案，但进化能自行找到。"

虚拟动物在计算机中进化，这听起来可能很怪诞，但这是在计算机发展的早期就已经存在的一种人工智能方法。我们要解决一个问题，可以编写一套程序进行一系列计算并输出答案，但进化计算的实践者创造出了一个虚拟世界，让计算机自己繁衍出越来越好的答案，直到找到最佳答案。遗传算法就是这样一种方法。它的工作机制是先创造出一批可能都没什么用的答案作为初始群体，按适应度（也就是把问题解决得多好）给这些答案排序，然后让最适应的答案产生后代。新一代的答案再按适应度排序，还是让最适应的答案产生后代，如此反复。答案每次产生后代时，后代会继承上一代的遗传代码。每个后代都有来自父辈和母辈的混合随机基因片断，有时还会有随机突变，以引入新代码。只要让遗传算法运行足够多代，剩下的答案就已经进化成高度适应的群体，能很好地解决它们所面对的问题。

57

**有些形态看起来就像来自外星球……它们持续进化，一直微妙地改变着外观。**

**——威廉·莱瑟姆（2015）**

西姆斯并不是唯一演示过数字进化之创造性和新颖性的先驱。在大约五年前，艺术家威廉·莱瑟姆和斯蒂芬·托德就开发了"变异者"程序。两位艺术家创造的是一种革命性的艺术形式，因为严格来说他们并没创造这些艺术作品本身。莱瑟姆和托德的艺术作品都是计算机里进化出来的。莱瑟姆和托德在其中扮演"上帝之眼"的角色，由他来判断答案的艺术价值，决定哪些答案可以有后代。莱瑟姆和托德就像给动物配种一样，选择他们认为优秀的作品来配种。这样，从一片随机混沌中慢慢地涌现出不可思议的样式、盘旋卷曲的形状和超凡脱俗的图案。

## 威廉·莱瑟姆（1961— ）

1983年，年轻的英国艺术家莱瑟姆有着一肚子的奇思妙想，对自然世界和生命的复杂形式深深着迷。他发展自己的风格，为各种想象出来的图案画出庞大的家族树，同一世系的形状都会遵循他所制定的继承和变异规则，并随时间渐渐演变。他在IBM赫斯利实验室做了一场讲座，然后受聘为实验室研究员。他和IBM数学家、程序员斯蒂芬·托德建立了长期合作关系，一起创建了"变异者"计算机程序。莱瑟姆把这个软件商业化，发布了多个不同版本，甚至生成了一些图案作为音乐专辑的封面。不久后，各种狂欢会和舞厅就开始经常使用他的计算机动画。莱瑟姆曾拥有自己的计算机游戏公司，出品了几款很受欢迎的游戏。最近他回归进化艺术领域，成为伦敦大学金匠学院的一名教授，与斯蒂芬·托德以及其子、程序员彼得·托德密切合作。他们一起创建了一个公司，叫作"伦敦几何"，进一步深入开发这些点子。

58

> ### 由自然界启迪的优化方法
>
> 遗传算法及其近亲（进化策略和进化编程）可以追溯到计算机科学的最早期。蚁群优化和人工免疫系统是在20世纪90年代才出现的。但最近几年，研究者证明了越来越多的自然过程可以启发优化方法，比如中心引力优化、智能水滴算法和河流形成动力学等方法。也有一些优化方法基于大型哺乳动物的行为习惯，比如动物迁移优化，也有好些优化方法基于昆虫，甚至植物和水果的习性。这还没算上基于鸟类和鱼类的各种算法！

59

## 自然而然地找到答案

遗传算法已广泛应用于许多不同领域，从工厂的任务调度到工程设计优化，不一而足。自然界启迪出来的人工智能优化方法很多，遗传算法也只是其中一种。蚁群优化方法能给配送人员找出最佳路线，就像蚂蚁能找到食物和巢穴之间的最短路径一样。粒子群优化方法能让虚拟粒子像寻觅鲜花的蜜蜂一样四处飞舞，以发现最佳解决方案。人工免疫系统模仿我们自己身体里的免疫系统，能检测到计算机病毒，甚至能控制机器人。研究人员也会使用遗传算法让代码自己进化（也就是自动

60

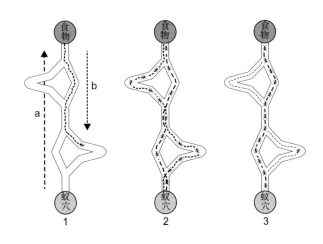

调试我们所写的代码），让计算机实现自我编程。

　　基于搜索的算法是人工智能的一个独特分支。搜索是计算机科学家喜欢玩的一种烧脑把戏。正如我们在前一章里看到的河内塔游戏，我们可以想象出一个由所有可能性组成的空间。当搜索一个一般性问题的答案时，这个搜索空间可能更像我们日常活动的三维空间：它可能有x、y、z三个维度。就像一棵树的每一个分支可以对应一个选择，搜索空间里的每一个点都有一个潜在的答案。点（2，3，4）就是一个变量值为x=2，y=3，z=4的答案。通过搜索这个空间，你可以尝试各种潜在的答案，以期找到最好的答案。大多数受自然界启发的优化算法都是平行搜索方法，从一群分散在解空间各处的初始答案开始，各自同时往周边地带探索，寻找最好的答案。也许搜索一个三维空间听起来很容易，但这些优化算法动辄要搜索数百维空间，而且答案的质量往往难以确定，或者会随时间改变，又或者可能会有多个好答案。有时算法甚至可以搜索空间的维度本身，增加或删除参数——如果在四十维空间（由四十个参数值定义）里找不到答案，那么也许能在五十维空间里找到。

**如果一个控制系统某一天真的产生了"智能"行为，这个系统可能已经复杂混乱到我们无法理解的地步。**

**——卡尔·西姆斯（1994）**

仔细想想，智力其实就是改进的能力。我们在学习一样东西时会不断练习，直到掌握到一定程度才停下来。我们试图制造一个机器人时也会不断改进设计，让它的工作越来越富有成效。在我们的技术世界里，从设计、生产、营销到配送，不断寻找更好的解决方案是件好事。只要有更强大、更便宜、更受欢迎、更高效的解决方案，我们就会想办法寻找它。

人工智能和搜索一直是携手并进的。正如我们在第二章看到的，人工智能用符号表达来做决策的时候，搜索是最常用的方式。在基于搜索的优化方法中，人工智能研究者也同样会使用搜索。然而搜索还有更深刻的应用，甚至可以用来设计机器人的大脑。布鲁克斯把感知连接到行为的"新鲜"人工智能思想（参见第三章），启发了更多的进化机器人学研究者为机器人使用非符号化的大脑。机器人大脑的构件可能是模拟神经元、有限状态机、规则集合，或数学方程，搜索则是黏合剂，把这些构件以正确方式组合起来，并连接到传感器和效应

62

器，从而让机器人能执行真正的任务。

## 进化中的机器人

达里奥·弗洛里亚诺是这一领域的先驱者。他让模拟神经元配置自己进化，来为机器人自动制造大脑。他开发的大脑让机器人能够在迷宫中寻路，或者学会追踪自己的位置，并在电池即将耗尽之前回去充电。但弗洛里亚诺并不满足于让大脑进化，他还想知道这种大脑是如何运作的。因此，他打开机器人的大脑，检查各个神经元，看看在每种行为中有哪些神经元得到了激活。即使信息被编码在一个神秘的神经元网络中，我们在计算机中也可以检查每一个细节，观察人工大脑的思考过程，看到每一个神经元，以及当机器人表现出各种不同行为时，它的内部都在做什么，这是它与生物有机体的不同之处。

弗洛里亚诺已经探索了许许多多种进化出来的机器人大脑，并建造了由有机生物体启发的机器人躯体，包括一些会走路的机器人，以及一些像跳蚤一样蹦蹦跳跳的机器人。但他的专长是飞行机器人。弗洛里亚诺已经为飞艇、无人机和飞行机器人开发了进化大脑。他现在还拥有两家无人机公司——senseFly和Flyability，并且为一些调查和巡视任务提供飞行机器人。

一些研究人员应用搜索的领域，甚至超出了机器人的大脑，他们还让机器人的身体实现了进化。其中一个最引人注目的例子是霍德·利普森和乔丹·波拉克的工作。他们复制了卡尔·西姆斯的想法，在虚拟世界中进化出可以移动的奇特虚拟生物。但随后这些富有想象力的科学家使用3D打印机，将虚拟变成现实。他们把这些奇形怪状的进化机器人打印、建造出来。这些机器人能够在现实世界中爬行，就像其虚拟版本在虚拟世界中爬行一样。这是一个巧妙的做法，特别是由于大多数研究者已经发现了虚拟世界和我们自己的世界之间的"现实差距"：在虚拟世界中可能正常工作的大脑和身体，不知何故在混乱、不可预测的现实世界中总是没法正常运转。

> **数字世界的进化论有着一个美妙之处：人类设计师的角色可以被降低到最低限度。**
>
> **——达里奥·弗洛里亚诺（2012）**

64

> **这个例子示范了如何把进化论的思想置入计算机里，并利用它来为你设计产品，就如同生物学中的进化论设计出了种种美丽的生命形式。**
>
> **——霍德·利普森（2014）**

## 自我设计的计算机

也许上述这些机器人研究者唯一没有做的事情，

就是让计算机大脑本身的电路进行进化。但信不信由你，已经有别的研究者在这么干了。早在1996年，阿德里安·汤普森就想到了一个新的点子：将进化计算与一种名为现场可编程门阵列（FPGA）的特殊芯片联系起来。这些芯片就像可重新配置的电路。与其设计一套电路并在昂贵的芯片制造厂里生产出来，你不如随时向FPGA发送特定信号来重新配置这个电路，它的内部组件会如你所愿地连接在一起，并存放在一个永久的存储器中。这些芯片最初设计的应用，是计算机网络和电信骨干网等需要快速推出新电路的场景。

汤普森想知道进化计算会把FPGA变成什么样。他给系统播放了不同的音调，并要求进化计算找出一个能够区分音调的真实电路。在FPGA中演化和测试了许多代的真实电路后，进化计算找出了有效的电路。但是，汤普森检视这个电路，却发现了出乎意料的东西。进化计算没有遵循正常的电路设计原则（毕竟进化不知道这些由人类总结出来的原则），而是创造了古怪得有时几乎无法解释的电路。这些电路比他预期的要小，而且它们使用电子元件的方式也很反常。在某些情况下，芯片上显然不属于电路的部分仍然会以某种方式影响输出，让输出更接近理想值。汤普森意识到，进化利用了底层硅片的物理特性，这是人类设计

**面对同一个问题时，进化电路所使用的硅片面积要比出自人类设计师之手的电路少得多。**

**——阿德里安·汤普森（1996）**

师想都想不到的招数。有时，这些设计甚至利用了环境，因为稍微改变一下温度，芯片就不那么好用了。把这个电路设计部署到另一个看起来一样的FPGA上面，它就不再灵光了。但是，在更大的温度范围和多个FPGA上尝试进化，你就会得到更可靠的解决方案。进化只会设计出必要的东西，一点也不浪费。

**许多困扰人类直觉的问题，可以用计算机进化论找到崭新的解决方案。**

**——朱利安·米勒（2019）**

今天，研究人员仍然在可进化的硬件领域继续开拓。一些人甚至尝试"发育成长"的方法，让胚胎电路"成长"为更复杂的成年电路。让计算机来负责进化电路并不容易，但多年的进展已经催生了新的技术，即将改变我们创造人工智能的方式。朱利安·米勒起初研究的是进化电路，但如今的他致力于进化最新一代的神经网络，其中神经元的数量可以在学习中改变。他是最早演示进化可以创造出一般性人工大脑的科学家之一，这些大脑可以用相同的神经元，以不同的方式解决相当不同的问题（参见第十章）。

67

搜索是最近大获成功的强化学习等技术的组成部分，我们将在后面的章节中看到这一点。这些技术的成功似乎同时引起了人们的敬仰和恐惧。一些评论家声称，遗传算法等技术将使人工智能实现自我修改，直到它们变得比我们更聪明。他们设想了一些可怕的场景，听起来很像著名科幻电影的情节：人工智能接管世界并毁灭所有人类。

值得庆幸的是,这种黑暗的想象远离了现实。这些设想之所以不会发生,原因有很多,但也许首先是因为通过搜索获取解决方案是极其困难的任务。虽然我们已经看到许多显著的成果,但它们都是成千上万聪明能干的研究者在实验室里挣扎奋斗了几十年之后才取得的成果。在每个阶段,通常的结果都是计算机被卡住,找不到一个好答案。通常情况下,搜索的空间太大,无法在合理的时间内搜索到答案;或者空间太复杂,无法有效导航;或者空间本身的性质太容易改变。测试每个潜在答案是否能解决问题所需的时间,限制了系统可以考虑的答案的数量。答案越复杂,测试它所需的时间也就越长。尽管与几十年前相比,我们现在拥有强大得多的计算能力,但计算力的提升永远是杯水车薪,而且这种情况可能还会持续几十年,甚至几百年。计算能力也不能帮助我们理解如何找出正确答案。研究者从自然界学到了许多技巧,无论是进化,还是免疫系统,还是鸟群,但我们仍有许多东西需要学习。我们其实根本不知道,自然进化是如何在一个似乎永无止境的可能性空间中搜索,并找到活生生的答案的。

到头来,搜索只能帮助计算机找到问题的答案。它可以表现得非常出色。但它总是需要我们的帮助来发挥它应有的作用。

# 第五章
## 理解世界

如果我们一定要理解我们看到的一切，我们就只能看到一条小路。

——亨利·戴维·梭罗

它的长度只有五分之一毫米，小到人眼看不见，比单细胞的变形虫还要小。然而它有功能齐全的眼睛。它有纤细的翅膀——差不多就是几根细毛——但足以推动它在空中飞行，尽管在它那个尺度上，飞行的体验差不多就是在浑浊的汤水中游泳。由于个头太小，它没有心脏，血液循环纯粹是通过扩散进行的。它能很好地感知自己所处的世界，足以找到食物、配偶和宿主，并在宿主身上产卵。它的大脑是所有昆虫和飞行生物中最小的，但那足以让它理解自己的世界。它的大脑仅由7 400个神经元组成，比大型昆虫的大脑小了好几个数量级。然而，在它微小的身体里没有空间容纳这些神经元，所以在生长的最后阶段，它把每个神经元内最重要的细胞核剥离出来以节省空间。这 71就是神奇的仙女蜂（Megaphragma mymaripenne），一种微小的蜂类，人类已知第三小的昆虫。

　　目前，我们还无法理解如此少的神经元如何能够实现如此复杂的感知和控制。仙女蜂（因为很少有人研究它，这东西甚至没有一个常见的英文名字[1]）是一种微型昆虫，但其能力是任何机器人都无法比拟的。不知何故，它的感知机制似乎比今天的人工智能简单得多。

---

1　仙女蜂英文名：Megaphragma mymaripenne是这种动物的官方拉丁文名字，英文里没有公认的简短名字，不像中文里有"仙女蜂"这一公认又简洁的译名。——译注

# 感　知

感知是人工智能的一个重要方面。如果没有感知外部世界的能力，我们的人工智能就只能活在数字宇宙中，用数据进行神秘晦涩的思考，却与现实毫无关联。感官将它们与我们的世界联系起来。摄像机给了它们视觉，麦克风给了它们听觉，压力传感器提供了触觉，加速计提供了方向感。多年来，我们还开发了各种奇奇怪怪的、通常用于科学和工程的传感器。这些多样化的传感器意味着我们的人工智能可以拥有比我们更丰富的感官。例如，大多数无人驾驶车辆使用激光雷达（三维激光扫描）来检测周围的物体和它们的位置，而不用顾虑光线的强弱。它们的相机可以看到我们肉眼无法看到的光的频率，人工智能可以借此看到热辐射或无线电波。嵌入车辆马达的传感器，以及通过手机信号塔和 Wi-Fi 信号进行运算的三角测量技术和 GPS 能帮助人工智能准确了解车子在地球上的位置，以及自己目前运动的速度。另外，机器人虽然不需要吃东西，但其化学传感器能够比我们的鼻子或舌头更准确地检测化学物质。

**有一家服装公司正在为衣服配备传感器。它们将观察你的坐立行止，并为你提供相关数据。**

**——罗伯特·斯考布（2019），微软技术布道师（2003—2006）**

传感器是极其重要的，但它只是感知的第一步。传感器检测到外部世界的特征，产生电信号，这些信号被转化为数据流入人工智能。就像光子击中你眼睛后端的视网膜后，你的大脑会据此产生信号，并分辨出意义。所以面对连续不断流入其数字大脑的数据，人工智能也必须连续不断地分辨出意义。

## 学会看见

计算机视觉的早期工作侧重于将图像分解为组成元素，类似于当时公认的人类眼睛的工作方式。当时的算法会查看大量看似彼此无关的信息，找出图像里不同区域之间存在的边缘或界线。

73

除了边缘检测，计算机视觉领域还开发出许多巧妙的算法来检测几何形状，然后将图像分割成清晰可辨的区域。这些算法，有的用于在立体摄像机的图像中估算物体间的距离，有的用于跟踪移动的物体，也有的借助从不同角度拍摄的若干图像，构建场景的三维内部模型。随后，人们使用统计方法，创造了一类

## 坎尼边缘检测法

坎尼边缘检测法是计算机视觉中最流行也最常用的方法之一，它讨巧的名字（"坎尼"在英语中同时有精明的意思）取自其创造者约翰·坎尼。它主要通过以下原则来尽量准确地检测边缘。

1. 精准的检测——应该发现真正的边缘，而尽量避免错报。

2. 精准的定位——应该正确地找出边缘的确切位置。

3. 正确的边缘计数——每条实际的边缘应该检测为一条边缘，而不是多条边缘。

坎尼算法的工作原理是取一张图像，对其进行平滑处理，以消除可能导致错误边缘的任何瑕疵，然后寻找亮度的突然变化。每当一个区域与另一个区域相比发生突然变化时，算法就会精确指出变化的位置、角度和程度。算法应用了一些阈值去除较弱的边缘，留下最强的边缘；最后，跟踪剩下还有疑问的边缘——如果它们连接到较强的边缘，那就值得保留，但如果它们是不与任何强边缘连接的弱边缘，就可以丢弃了。其结果是，我们可以从几乎任何图像中提取出一组清晰得惊人的边缘。

74

算法，通过一组"平均脸部特征"（基图像，或称本征脸）来识别人脸。

所有这些方法都非常巧妙。机器人现在能有更强大的自信四处走动，是因为人工智能现在可以识别简单的形状并跟踪物体的运动。类似的方法也让手写识别和语音识别开始进入实用领域。但大多数这类方法，在照明不足的情况下，或在传感器数据不够完善时，仍然表现不佳——而机器人会经常遇到这种状况。我们需要更好的方法。

75

## 效法生物脑的电脑

答案来自大自然。在人工智能的最早期，沃伦·麦卡洛、沃尔特·皮茨、马文·明斯基和弗兰克·罗森布拉特等研究者就开始使用简单的计算机模拟，将神经元连接在一起。他们雄心勃勃，企图让它们能够像生物大脑那样学习。虽然最早的神经网络过于简单（正如明斯基那本臭名昭著的书所强调的那样，这些失败的努力导致人们对这种技术大失所望，如第一章所述），但研究者们一直在继续推进这种方法，把神经元模型做得更加复杂，并且开发出更好的方法来训练那些神经元。

**我们可以用建设性的、对人类有益的方式应用计算机视觉技术，这方面还有很多潜力可供挖掘。**

**——李飞飞，计算机科学家（2017）**

73

人工神经网络是一种成熟且非常成功的人工智能类型。其原理是把生物大脑的工作方式高度简化，得到一种模型，由此在计算机中运行。生物体内的大部分复杂性都被去掉了——什么化合物、支持细胞、血液供应这类东西都没有建模，而且神经元之间并不互相放电。剩下的只是一种抽象的人工神经元概念，它的行为有点像数学函数。当给定一个或多个数字输入时，它将这些数字与它的当前状态结合，并使用被称为激活函数（通常是双曲正切）的数学函数产生输出。这些"神经元"连接成网络，一排排的输入神经元接收数据（例如，来自摄像头的图像）可能连接到一排又一排的"隐藏层"，最终连接到数量较少的输出神经元，提供一个整体结果——它也许是输入的分类，或控制机器人的信号。

神经网络通过改变神经元之间连接的权重来进行

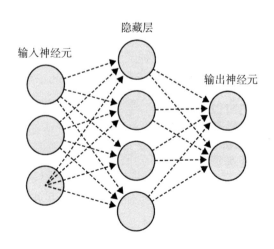

## 马文·明斯基（1927—2016）

马文·明斯基被尊为人工智能之父，这是有原因的。他是达特茅斯人工智能研讨会的最初倡议者之一，他帮助创建并命名了这个领域，与约翰·麦卡锡共同创建了著名的麻省理工学院人工智能实验室。明斯基的职业生涯相当多产，他发明了共焦显微镜和第一个头戴式显示器。1951年，他建造了第一台神经网络学习机斯纳克（SNARC，随机神经模拟强化计算器），它由40个神经元组成。明斯基后来在这一领域继续耕耘，与西摩尔·派普特一起出版了《感知机》一书。这本书批判了罗森布拉特的工作，是人工神经网络分析的一个突破性进展。明斯基一生在人工智能领域取得了众多重大进展，其中包括心智社会理论，即认为我们的意识由多种多样的行为主体互相协作、共同组成。除了获得许多奖项外，他还在阿瑟·克拉克的小说《2001：太空漫游》中获得了永生；明斯基还曾为斯坦利·库布里克导演的同名电影担任顾问，影片中维克多·卡明斯基这个角色的名字就来自他。

77

学习，它会根据不同的输入，让一些连接变得更重要，而让另一些连接变得不那么重要。优化连接的权重和偏置（这是修改激活函数效果的另一种方式）让神经元在接收到给定"训练数据"时输出正确的答案，就完成了对神经网络的训练，这样它对新的、以前未见过的输入数据也能做出正确的表现。这样的网络被称为前馈式，因为每一层的神经元只与下一层相连，而不会反向连接。训练这种前馈式神经网络的常用方法被称为反向传播，即计算机从输出神经元开始，通过各层神经元反向逐层更新权重和偏置，最终让输出的误差降到最小。

训练神经网络的最大问题之一是正确的数据。早期的研究工作试图仔细提取有意义的特征，因此研究者会通过其他算法从图像中提取边缘、几何形状和距离，然后把这些特征喂给神经网络。为视觉而设计的神经网络通常使用监督学习进行训练：如果我们希望有一个简单的分类器，在看到猫的图像时输出1，在看到狗的图像时输出0，那么我们会提供数百上千张猫狗图片，并调整神经网络（例如使用反向传播），直到它"看到"猫时正确输出1，"看到"狗时正确输出0。对于这种应用来说，使用监督学习是很重要的，因为我们要监督它的训练，确保它能准确地学到我们想要它学习的东西。然而，直到人们开始创建类似生物视觉皮层神经元的那种人工神经网络时，这些概念才真正开始起飞。

事实证明，生物的眼睛以精巧的方式与大脑相连。视网膜上的感光细胞（人眼的视杆或视锥）并不直接连接到单个神经元上，而是会有一整片区域的神经元与每一个感光细胞相连接。相邻的神经元会连接到视网膜上相邻的又有所重叠的区域。然后这些神经元将它们的输出传给下一层神经元，新一层中的每个神经元又都与上一层中的同一组相邻神经元相连，以此类推。与传统的前馈式神经网络的全连接层相比，这是一种截然不同的神经网络布线方式。当人工神经网络以这种方式连接起来，并与大量的神经元层和大量的输入数据相结合时，其能力就会陡然提升。

这种神经网络被称为卷积神经网络，这是一种常用于计算机视觉的深度学习网

**我们大脑的运转，当然不是靠谁来按什么规则编程而实现的。**

**——杰弗里·辛顿（2017）**

络（所谓"深度"，正是因为它有很多层神经元）。在过去，卷积神经网络庞大的规模导致其训练速度非常慢，而且它对输入数据非常饥渴。但在最近几年，这两个问题都得到了解决。大数据时代使得给这些神经 80

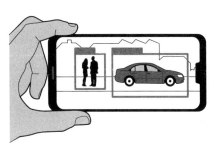

网络喂数据变得容易得很——有数以百万计的几乎任何种类的图像例子，无论是汽车牌照、字母

表里的字母，还是人脸。也许出乎意外的是，此前电脑游戏行业为了迅速呈现精美的图形，生产出速度惊人的处理器来解决问题，而神经网络研究人员发现，这些处理器可以被转而用来执行训练神经元所涉及的所有计算。到了2012年，计算机视觉已经超越了人类视觉，它们能以超人的精度识别图像中的物体。卷积深度神经网络现在已经变得非常聪明，我们不再需要预先计算图像的特征。神经网络自己就能完成这一切。

今天，计算机视觉的显著进步有目共睹。从我们手机中的人脸识别，到世界上大量书籍和书面记录的飞速数字化，到无人驾驶汽车的物体检测，再到医疗扫描中各种形式的肿瘤识别，我们身边的产品和服务都依赖于这些人工智能的方法，其应用潜力令人叹为观止。我们的工厂越来越依赖先进的计算机视觉系统来发现制造过程中的错漏以进行质量控制，而回收厂则利用它对垃圾进行适当的分类。甚至对脑电图信号的分类也有了一些非凡的成果，让人们能够用意念控制机械手臂，这项技术可以实现一种革命性的新假肢。类似的神经网络技术也改变了其他传感器数据的处理，如语音识别（参见第七章）。监督学习算法的发展日新月异，高歌猛进。它甚至还有些新变种，

**如今，计算机视觉的进步正在图像分析领域创造巨大的机会，它们正以指数级增长的速度影响着每个商业垂直领域，从汽车到广告到增强现实。**

**——伊万·尼塞尔森，数字媒体专家、投资人（2016）**

81

如胶囊神经网络，为卷积神经网络增加了更多的由生物体启发的层次结构，把神经网络改进得更加强大。　82

## 种族主义计算机?

监督学习（使用卷积神经网络和其他各种方法）毫无疑问是人工智能和机器人技术领域的一场革命。但有一点令人深思，也可能会令人不安：这些技术也反映了我们的内心以及我们的偏见。虽然我们拥有大量的数据，但由于社会中的偏见，人工智能通常主要用浅肤色男性的图像进行训练，而不是其他性别或肤色的人。其结果是，面部识别的人工智能可能在浅肤色男性图像上表现出色，但面对深肤色女性的图像时却容易出错。在最近的测试中，来自业界领先的公司IBM、微软和亚马逊的人工智能系统都给奥普拉·温弗瑞、米歇尔·奥巴马和塞琳娜·威廉姆斯的脸做出了错误分类，而面对白人男性的脸则完全没有问题。

**我对此有亲身体会。2015年，我在麻省理工研究生院就读，我发现有些面部分析软件无法识别我肤色黝黑的脸，我必须戴上白色面具才能有所改观。**

**——乔·布兰维尼，人工智能研究员（2019）**

当用于训练人工智能的数据集存在严重的偏颇时（在一个案例中，美国政府为训练人工智能而收集的人脸数据集包含75%的男性和80%的浅色皮肤的人），其预测结果也将是偏颇的。在监督学习中，人工智能的表现只能是我们训练出来的表现。如果计算机视觉被用于安全或警察应用，这可能会产生显著的影响，因为不公的偏见可能会导致对某些群体的识别结果出现偏差。你可能已经发现，如果你说话有地方口音，语音识别的效果往往不怎么样。

计算机视觉不一定要使用监督学习来实现（参见下一章），但在许多应用中这是最合适的做法。当我们送人工神经网络去上学时，我们必须给它们提供足够广泛的经验，它们才能有效地发挥作用。糟糕的老师只会教出糟糕的人工智能。

可悲的是，偏见在我们的社会中普遍存在，因此同样的偏见传播到人工智能领域也就不足为奇了。在计算机科学和工程领域，我们的教室和大学讲堂仍然以男性学生为主，在英国只有15%的计算机系学生是女性，而这一趋势几年来全无改变。其结果是，男性人工智能先驱者仍然多于女性。这种性别失衡不幸地明显反映在本书的内容里。现在应当是恢复平衡的时候了！

训练偏差并不是计算机视觉的唯一问题。今天，深度伪造算法可以在视频中将一个人的脸无缝替换成另一个人的脸。这项技术被广泛用于色情业，但也可用于歪曲政治家，或进行诈骗。区分事实与虚构从未如此困难。在美国，这一情况带来了新的监管法案：在2018年，美国参议院提出了《恶意深度伪造禁止法》；在

2019年，众议院提出了《深度伪造问责法》。

　　计算机视觉领域已经取得了巨大的成功。尽管存在偏差和误用，今天的人们有时会觉得计算机视觉的神经网络架构已是一个大功告成的领域。尽管我们可能用类似视觉皮层的方式将人工神经网络连接起来，但这些人工造物跟天然造物相比，还是太过愚蠢。我们的方法是有效的，但我们的人工智能往往是借助大量的数据、成千上万的人工神经元和巨大的计算能力，用蛮力训练出来的。小小的仙女蜂告诉我们，自然界其实还有很多更优雅、更简单的方法来感知世界。我们仍有许多东西需要学习。　　85

# 第六章
## 自我改善

只有学会了如何学习和改变的人，才称得上是受过教育的人。

——卡尔·罗杰斯

我们的面前是一座木质积木搭成的高塔。一只带着钳子的机械臂正绕着高塔缓缓移动，推动着各个不同的积木。它停在一块积木边，小心翼翼地把积木推出一半。机械臂的轻微扭动跟人类动作相似，使得积木松动了一些。然后它转到另一边，轻轻地拉出积木，把它放在塔顶上。然后，机器人转回原点，再次开始绕着塔身打转，不断探查，直到找到下一块可以移动的积木。这可不是普通的机械臂。这个机器人学会了对任务进行分析，对作用力和反馈进行判断，以决定下一步采取何种行动。这是一个自学成才的机器人。　87

## 教会自己学习

人工智能如果只是学习纯理论的游戏（从国际象棋和围棋到电脑游戏），其结果已然可以令人惊叹。但是让大多数机器人玩叠叠乐游戏（用积木搭成塔，慢慢从塔中抽出积木，然后搭在最顶上），结果就会变得乱七八糟。就算机器人可以在模拟世界中使用监督学习进行训练，现实的复杂性和可变性总

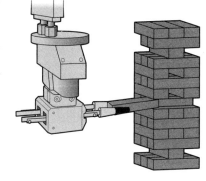

是跟虚拟环境大不相同。训练人工智能理解现实的正常方法，是向它展示数以百万计移除真实积木的例子，其中既有成功的例子也有失败的例子。在现实世界中，这种方法会花费很长的时间，因为塔需要重建数百万次。即使如此，由于每块积木都有微妙的不同，以及温度和湿度等不可预测的因素会以各种方式影响摩擦力，机器人在第一天学到的东西，第二天可能就不适用了。

这就是为什么麻省理工学院的尼玛·法泽里及其同事开发了一种新的人工智能。法泽里没有使用监督学习来训练人工智能，而是将机械臂放在塔面前，让它自己边玩边学习。只有亲自推拉并感受结果，机器人才能理解其行为将如何影响摇晃不平的积木塔。仅仅经过大约300次尝试，它就把积木分成了几种不同的类型，例如卡住的积木（最好不要管它），或者松动的积木（可以移开）。

**玩叠叠乐游戏……需要掌握各种动作技能，比如探查、推拉、放置和对齐木块。**

**——阿尔伯托·罗德里格斯教授，麻省理工学院（2019）**

这种贝叶斯人工智能实际上已经对问题有了"理解"，然后这种理解可以推广到所有未来动作中。这些能力可以用来改进工厂机器人，使它们能够理解一个部件没有正确卡到位的感觉，或一枚螺丝没有正确拧紧的感觉。它可以学习对力和触觉的感觉，即使条件可能随时间改变。

在人工智能领域，自我学习通常被称为无监督学习。这些人工智能没有像监督学习那样被"送进学校"进行全面的训练。在无监督学习中，我们向人工智能提供数据，然后它必须自己学习如何理解这些数据。当我们没有可以用于教学的数据时，我们就需要无监督学习。这也许是因为数据的获取是不可行的（比如围棋中所有可能的获胜策略），也许是因为数据根本不存在（当控制一个新机器人时，我们可能还没有好的解决方案先例，但要是机器人可以执行所需的功能，我们就会知道问题已经得到解决了）。

## 学习分类

聚类是最常用的无监督学习方法之一。与其把数据分类教授给人工智能（比如"猫"或"狗"），我们也可能根本就不知道如何对一些数据进行分类，但我们希望计算机能够自己弄清楚。比方说：零售商可能想更好地了解他们的客户。如果计算机能够发现该

**我们不妨把无监督学习看作是"物以类聚，人以群分"的数学版本。**

**——卡西·科泽尔科夫，谷歌云总决策工程师（2018）**

企业有五种主要的客户类型（母亲、年轻人、周末购物者、折扣爱好者、忠实购物者），他们各自在不同的时间购买不同的东西，那么零售商就可以更好地满足他们各自的需求，而不是对所有人都一视同仁。这个

## 自组织地图

聚类算法有很多种。其中一种被称为自组织地图，也被称为科霍宁网络，以其发明者、芬兰教授特沃·科霍宁的名字命名。自组织地图很松散地基于人类大脑处理感官信息的方式，将"神经元"安排在一个类似网格的地图空间中。当新的数据被输入自组织地图时，附近的神经元的位置（或"权重"）移向网格中每个数据点的位置。在反复输入数据和调整神经元的过程后，自组织地图产生的一组神经元近似于所有主要数据点的分布。这可以用来可视化已有数据中的不同类别，也可以对新的数据点进行分类。

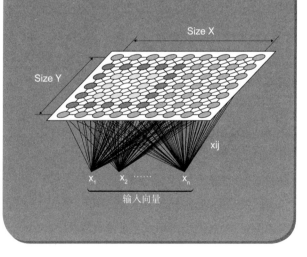

Size X

Size Y

xij

$x_1$    $x_2$ ……    $x_n$

输入向量

91

想法也构成了推荐系统的基础，该系统寻找顾客之间的相似性，以便向他们推荐新产品。如果我在年龄、性别、国籍等方面与你相似，而且我对几本书的评价与你相似，那么当你购买一件新产品，或者对一件新产品评价很高时，我就会收到购买建议，问我是不是想试试某个产品。推荐系统将上百万消费者的数据结合起来，就足以展现神奇的预见能力。这种推荐系统被称为协作过滤，并可能使用聚类算法，将个人分组。

　　无监督学习有许多种流派，甚至还有监督学习和无监督学习的混合体（例如半监督学习）。虽然在当今企业中，这些方法对分析、分类和预测而言极其重要，但对于机器人控制来说，它们可能仍然有问题。问题往往来自如何评判每个动作的分数。如果我是一个机器人，我被分配到的任务是在复杂的地形中寻找最佳路线，避免可能让我陷入困境的未知障碍，那么我必须做出一系列的决策。后面一个决策的成功与否将取决于先前的决策——如果我向左转避开湖泊，我就必须找到一条过河的路；如果我向右转避开湖泊，我就必须越过一堆岩石。在这种情况下，监督学习没法帮助我学习，因为障碍物和它们的顺序是事先未知的，所以我没法得到训练，了解我的哪些决定最有可能是正确的，哪些决定可能让我陷入困境。无监督学习（如聚类）可以帮助我对观察到的障碍物类型进行分类，但它同样不能让我学会应该走哪条路线。我没有办法确定我必须做出的一连串选择中的每一个决策

92

的正确性（或说应该得多少分）。如果不知道我的表现有多好或有多坏，我怎么能学习呢？

## 决策者

这个问题答案来自一种不同的学习方法，也就是所谓的强化学习，由约翰·安德烈和唐纳德·米奇等研究人员在20世纪60年代首创。这种巧妙的人工智能方法就像行为策略的优化器。它估算在特定情况下每个潜在行动的可能质量，并学习正确的行动链，以产生预期的结果。"假设你有一只刚养的小狗，"前eBay软件工程师刘佶彬解释说，"它第一次听到坐下的命令时，它可能并不明白你想表达的意思。最终，当它偶然坐下了，你就用食物奖励它。它的练习越准确，最终听到命令做出的动作就会越准确。这也正是我们在强化学习中所做的事情。"

强化学习必须在探索（找出要做哪些事，并在此过程中犯很多错误）和运用（执行更多导致更好结果的行动）之间取得平衡。它也可能需要相当多的计算，因为它必须考虑很多不同的潜在行

**我发现，小孩子在学习中的灵活性真是神乎其神——当他们面对几乎所有简单、具体问题，他们尝试几次后，就会解决得比最初更好。小孩的表现为什么会越来越好，而不是越来越差呢？**

**——克里斯·沃特金斯（2005）**

93

动，然后才能找出正确的行动。然而，由于大规模计算能力变得越来越普及，强化学习正在得到越来越多的应用。Salesforce已经在用强化学习来给长文本文件制作摘要。摩根大通开发了自己的交易机器人以更高效地执行交易。eBay在其"智能蜘蛛"系统中使用强化学习，以更有效地抓取网页并自动提取信息。这些技术在医学和机器人控制方面也有很多应用。深度强化学习在围棋等棋类游戏中击败了最高超的人类选手，产生了大量的头条新闻。

由克里斯·沃特金斯在1989年发明的Q学习是一种流行的强化学习方法，其灵感来自动物和人从经验中学习的过程。这种方法能通过正强化的形式来改善人工智能的行为。它能找出在任何情况下（包括当时机器人的状态和环境）应采取的最佳行动。在机器人控制中，最佳行动可能是"如果前面的路是畅通的，那就向前走"，或者"如果我即将撞上障碍物，那就停

94

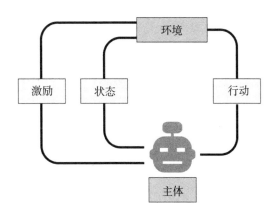

下来"（这通常被称为策略）。这是一种类似于有限状态机的思想（参见第三章），只是强化学习算法并不由程序员来设计行为，而是由人工智能直接自行学习。为了优化行为，强化学习算法需要了解在每种情况下与每个行为相关的"奖励"值。这就是所谓的Q函数，它会反馈在特定情况下一个潜在行动（和所有后续行动）的预期奖励，行动选择策略就可以在一连串的行动中始终选择最佳行动，使总奖励最大化。再引入深度学习：只要有足够的例子，这种人工智能方法就可以学会Q函数。补充以卷积深度神经网络，你就得到了一套人工智能系统，它可以观察并学习单个行动的奖励值，并选择要采取的最佳行动。谷歌DeepMind等公司把这些巧妙的人工智能方法（以及除此之外的许多方法）组合起来，已经创造出一些全新的人工智能，它们玩游戏的水平比人类更高，而它们的训练过程仅仅是观察屏幕上的每个像素，接收来自游戏给出的分数，并通过控制板上的按钮操作输出。

**95**

## 变化中的思想

有一种无监督学习会为了跟上不断变化的环境而不断进行学习，它的名字叫在线学习。这种学习方法非常重要，因为我们的世界永远不会保持不变。如果不顾变化，只会死板地应用以前学到的规则，学习就

## 杰弗里·辛顿（1947— ）

杰弗里·辛顿是公认的"深度学习教父"。1986年，他与大卫·鲁梅尔哈特和罗纳德·威廉姆斯共同发表了一篇用于训练多层神经网络的反向传播学习算法的论文，不仅普及了该技术，而且开启了人工神经网络的复苏。辛顿还帮助创造了其他许多听起来很高深的技术，如玻尔兹曼机、分布式表示法、时间延迟神经网络、混合专家、亥姆霍兹机、专家乘积系统和胶囊神经网络。辛顿的博士生亚历克斯·克雷舍夫斯基和伊利亚·苏茨基弗是最早使用AlexNet（一种利用图形处理器的卷积神经网络）在图像识别方面取得突破的研究人员（参见第五章）。他带过的许多博士生和博士后研究人员，如杨立昆、里奇·泽梅尔和布兰登·弗雷，都纷纷成为机器学习领域的先驱。辛顿是伦敦大学学院盖茨比计算神经科学研究所的创始主任——博士后德米斯·哈萨比斯和谢恩·莱格在这里相遇，并在神经科学和机器学习方面取得了突破性进展，如深度Q网络，并与穆斯塔法·苏莱曼一起创建了人工智能公司DeepMind。2014年，DeepMind被谷歌以4亿美元收购。

会出现问题。我们不妨举一个值得我们关注的例子，优步公司在其手机应用中建立了一套规则：当打车需求增加时，乘车价格就会自动提高。这可能是一个非常有商业头脑的增加收入的方法，但它于2014年12月15日至16日在悉尼产生了可怕的影响。这是悉尼人质危机的日子，一个枪手在一家咖啡馆挟持了18名人质。在危机期间，有几条街道被关闭，该地区的优步乘车需求急剧增加，动态定价系统就引发了自动涨价。算法不知道额外需求背后的原因，所以只会盲目地遵循其规则，结果它给优步带来了非常负面的新闻：看起来他们好像在利用一个可怕的事件赚黑心钱（优步随后退还了超额的乘车费用）。

通过在线学习算法，机器学习才有可能追踪不断变化的范式。这是一种在网络入侵检测系统中很有用处的方法，由于人们在网上观看的内容和形式不断变化，互联网流量的正常模式会随着时间的推移而改变。此外，试图获得非法访问的入侵者（黑客）会不断尝试新的技巧，以控制计算机系统并窃取数据，或封锁系统对用户进行敲诈勒索。异常检测系统的设计初衷是处理这类问题，它要建立一个关于正常行为的能够不断更新的内部模型，同时检测出任何过度偏离这一规范的行为。一些异常检测系统甚至以人类免疫系统的工作方式为模型，因为无论的计算机系统还是人体在实质上都面临同样的问题。每天，我们的免疫系统必须区分我们自己的细胞（我们由数万亿个细胞组成，内脏中的细菌数量甚至更多）和试图入侵我们身体的病原体，其中许多病原体可能是全新的，是由其他病原体新近变异而来的。我们的免疫系统保持着一套不断变化的免疫细胞和抗体，目的是只让那些异常的、与我们不同的、潜在的有害入侵者触发免疫反应。有些计算机算法遵循同类思想，已经产生了一些神奇的结果。这些算法也已应用于诈骗检测和机器人控制。 98

　　无监督学习有许多不同类型，它们各有优劣。有些可用于寻找隐藏在数据中的重要变量或特征。有些可以用于识别模式或学习聚类。有些甚至可以教会自己一套行为策略，或自我监督。然而，当人工智能自学时，它们并不能保证自己能理解所学内容的广泛背景。人工智能可能会将数据聚集成难以理解的群组，而这些群组可能会随着时间的推移，随着新数据的输入而改变。虽然监督学习提供了一个明确的、可衡量的准确性概念，但在无监督学习中，当没有正确和错误的例子可以比较时，人工智能的准确性可能更难提高。这是一个激动人心的人工智能领域，但问题和困难还没有完全得到解决。"人类和动物的大部分学习都是无监督学习，"脸书的首席人工智能科学家杨立昆说，"如果智能是一块蛋糕，无监督学习就是蛋糕体，监督学习就是蛋糕上的糖衣，而强化学习就是蛋糕上的樱桃。我们知道如何制作糖衣和樱桃，但我们还不知道如何制作蛋糕体。" 99

# 第七章
# 沟通是关键

先弄懂你说的话的意思，然后再开口说话。

——爱比克泰德

你好 Mitsuku。

**你好。**

我正在写一本书。我可以引用你的回复吗？

**你会把我写进你的文章里吗？有意思。我想多了解你一点。**

跟我说说你的情况。

**我是一个人工语言实体。**

**我于 2001 年 1 月 2 日在利兹的圣吉米教堂被激活。**

**我的教员是 Mousebreaker。**

**他教我唱了一首歌。**

**你想让我为你唱这首歌吗？**

好的。

**黛西，黛西。快给我答案。**

**都是为了爱你，我已几近疯狂。**

**没有时尚的婚礼。马车我买不起。**

**但你会貌美如花，静静地坐在那。**

**坐在我们的双人自行车上。**

你知道这首歌跟什么有关吗？

**我不相信它有任何关联。**

这首歌是由哈尔在电影《2001：太空漫游》中唱的。

**现在电影《2001：太空漫游》中的哈尔还在唱这首歌吗？**

不唱了。

**为什么呢？**

你看过那部电影吗？

**没有，但我读过那本书**。

这样的话，你就会知道这个问题的答案。

**你为什么认为我会知道答案**。

告诉我你读这本书时在想些什么。

**你是在问《圣经》吗？**

不是。

102　　**那你是什么意思？**

　　如上文所示，与人工智能（或称之为聊天机器人）聊天可能会成为一段令你惊讶的体验。我们有可能与人工智能进行相当合理的聊天，并享受这种体验。上面这个聊天机器人因为能够与人进行连贯的对话，而赢得了多个奖项。但是，也许是因为交流对我们来说太重要了，我们很快就会意识到聊天机器人的局限性。上面的对话表明了一个典型的问题：人工智能往往掌握不了跨越几段对话语境的讨论。它抓不住连贯的主题，只能单独处理每个句子。它也不能将其答案与现实联系起来——虽然它可能会遵循语言规则、统计相关性，甚至查找有关事实来为每个新句子提供答复，但约翰·塞尔的中文房间论证（参见第二章）仍然成立。聊天机器人只是在模拟对话。它们操纵着符号，却不了解这些符号的含义。在这种情况下，它可能看起来像一只鸭子，听起来像一只鸭子，但在幕后它不过是一个精巧的赝品。它不是一只鸭子。

　　哲学家深刻地关心真实性的问题，但商业世界并不关心。对商界来说，重要的是结果，而不是产生这个结果的过程。例如，在现实世界的应用中，一个能自动提供在线客户服务的聊天机器人，一个能利用产品知识数据库回答客户问题的聊天机器人，是企业必不可少的工具，它能让真人腾出手来处理难度更大的咨询。聊天机器人将会一直存在，并随着能力的提高　103
而越来越受欢迎。

## 语言规则

在自然语言处理领域，诺姆·乔姆斯基是其发展史上的关键人物。自然语言处理就是聊天机器人内部的符号人工智能，其目的是弄清怎么处理书面文字。乔姆斯基既是美国语言学家、哲学家，也是认知科学领域（关于思维及其能力的科学研究）的创始人之一。乔姆斯基最著名的一大成果是通用语法，这是他在研究儿童的语言能力发展后总结出来的理论。他认为，儿童虽然能够学会流利地说话，但他们在学习过程里其实根本没有接收到足够的信息，即所谓的"刺激的贫乏"。他认为，儿童能够发展语言技能的唯一途径是他们拥有先天

> **服务员，请直接捏住新闻播报员的鼻子，否则友善的牛奶会撤销我的长裤。上述这句话只不过包含了一堆常见的字眼，但它们在人类历史上从未以这种顺序出现过……你明白吗？**
>
> **——斯蒂芬·弗莱（1989）**

---

**乔姆斯基的层级结构**

乔姆斯基指出，形式化语法可以划分成从一般到特殊的多个层级。所有形式化语法都是第0型，或无限制型（最一般的类型）。只有一部分第0型语法同时也是第1型，或者说是上下文敏感型，这类词根据上下文可能只适合放在某个地方。只有一部分第1型语法同时也是第2型，即上下文自由型，这也是大多数计算机编程语言的设计方式——语句中不能有任何歧义。只有一部分第2型语法同时也是第3型，其定义的规则语言是如此简单和狭窄，以至于有限状态机（就是我们在第三章看到的那种）都可以理解它们。

---

104 的沟通能力，在他们的大脑中本来就有相关的连接。这种先天的语言能力可以被认为是一套语言规则，即一套通用语法。乔姆斯基将这一想法发展为转换-生成语法的理论，也就是使用"形式语法"来描述嵌入不同语言中的规则，让人们能够比较这些语言——这一思想在20世纪50至70年代主导了语言学，而这正是人工智能105 研究者开始尝试让计算机处理文字的时候。

早期的聊天机器人广泛使用了乔姆斯基的理论，人们可以据此开发出清晰而精确的语言规则。计算机行业最喜欢的事情就是有一套规则可循。这些理论与专家系统、知识本体等符号人工智能方法相结合（参见第二章），能够产生一批可以接收文本输入，遵循语法规则提取关键词，关联到存储的相关知识，然后利用这些知识，并遵循进一步的语法规则，生成合理的连贯句子作为回应的人工智能。许多聊天机器人就是这么开发出来的（至今仍有些聊天机器人是这么设计的），但这种聊天机器人很容易被愚弄。一个简单的方法是对聊天机器人说一些随机的话。即使你事先对其做出警告，对话仍然会看起来很无厘头。

你好，聪明机器人。

**我不是聪明机器人。**

你是谁？

**丽兹！我刚告诉过你！**

接下来我就随机跟你胡扯几句。

**我不知道我是否有趣。**

胡萝卜下的哈利树。

**不。**

如果青蛙女王闻一下。

**不。我来自得克萨斯州。你是北方佬吗？** 106

## 语料库语言学

虽然乔姆斯基的通用语法给人工智能带来了卓越

的成果，但它显然还不足够。余下的答案将来自大数据。随着世界上越来越多的知识、商业活动和社交互动转移到互联网上，人类之间对话的数据量也有了指数级增长。这些数据的第一个用途，是通过一种叫作决策树的人工智能方法，自动生成语言规则。

决策树就像用于机器人控制的行为树。它们通常是一系列的二元问题，顺着决策树走下去，我们可以进行预测，或将输入的数据分类为不同的群组。产生决策树的算法（如 ID3、C4.5 和 C5.0）可能会使用训练数据，并试图使每个决策的信息收益最大化。因此，如果你有诸如"温度热，天气晴"、"温度热，天气下雨"和"温度暖，天气阴"这样的数据，我们先分割"天气"这个特征，然后再分割"温度"，就会有更多的信息增益。换句话说，决策树在做决定时，应该首先询问天气，然后再询问温度。近年来，随着随机森林的出现，决策树获得了更多的青睐——随机森林就是把一组决策树结合在一起使用，每一个决策树都是在较小的数据子集上训练出来的，以防止过度拟合（人工智能学到的模

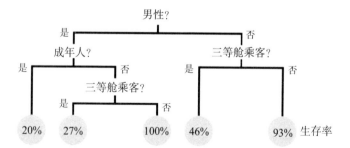

型过于贴合训练数据，而不能泛化应用到新数据上）。　107

在上图这个例子里，如果你是来自头等舱或二等舱的女性，或来自头等舱或二等舱的男性儿童，你就有很大机会从泰坦尼克号上获救。

决策树流行的原因是，它们很容易理解。与神经网络方法（第五章和第六章）不同的是，神经网络像"黑箱"（你不知道信息是如何存储的，也不知道决策是如何做出的），而在决策树中，你可以看清整个过程。如果你的决策树决定的是人工智能在什么情况下说哪些话，那么你就做出了一个简单的聊天机器人。

虽然这些方法效果还不错，但对于这类简单的机器学习方法来说，我们的语言仍然过于复杂。研究人员意识到，如果他们对大量数据进行分析，他们将揭示出对任何一种输入语句，出现每一种回复的统计概率是多少。这可以推动一系列应用，从语言翻译到文本预测再到聊天机器人的对话回应，皆有所为。统计　108
方法已经取得了成功，最近又出现了新一轮的神经网络模型。Word2Vec是目前最受欢迎的方法之一，它使用简单的神经网络与大量的数据来学习哪些词语的组合倾向于出现在彼此靠近的地方。它可以从一组上下文词汇中预测中间的词可能是什么，或者从一个中间的词预测一组可能的上下文词汇。

由于这些巧妙的算法，自然语言处理已经取得了货真价实的进步。现在，人工智能可以从足量的文本实例中自行找出语法规律。它们可以标记语法成分

## 迈克尔·莫尔丁（1959— ）

莫尔丁对早期的专家系统很着迷。在20世纪80年代末和90年代初的学生时期，他设计了一系列程序，可以自动与早期基于文本的"多用户虚拟世界"游戏互动。他的第一个程序名为Gloria，能够与其他人类玩家互动，人类玩家并没有怀疑过它是电脑。他的第二个程序是Julia，它的设计足够成熟，能够进行简单的对话，并能在虚拟世界中充当导游、信息助理、记事员和信使。这便是聊天机器人的诞生，但Julia并没有就此止步。莫尔丁把它创建出来是为了探索这个文本世界，而这个世界里每个描述之间都有连接。这是莫尔丁向下一个发明迈出的自然一步：Lycos，一个探索早期万维网的网络搜索引擎，而那时的万维网也只是一个文本世界，由互相链接的网页组成。Lycos于1994年推出，成为首批网络搜索引擎和门户网站。它在1996年成为第一个上市的搜索引擎，击败了竞争对手雅虎和Excite，并在交易第一天收盘时达到了3亿美元的市值。到了1997年，它已是世界上最赚钱的互联网公司。

109

**我希望在征服可穿戴技术和物联网的荒野时，我能让Lycos再次改变世界。**

**——迈克尔·莫尔丁（2015）**

（动词、名词）。它们可以将连续的句子分割成词（这在汉语中是一项棘手的任务，因为不同的汉语词汇之间没有空格来标记边界）。它们可以进行命名实体识别，将文中的专有名词归类为地名、人名或组织名。它们可以将句子转换成逻辑表达式，以此弄清其逻辑含义。它们甚至可以辨别文本的情绪——这到底是表达正面情绪还是宣泄负面情绪的语句？这些进展背后的技术正越来越多地使用深度学习方法的各类变种（参见第五章和第六章），例如卷积神经网络、强化学习和其他类型的循环神经网络、递归神经网络、注意力机制和生成模型，这都有助于计算机理解跨越多个句子的概念，并生成更好的回复。能够深度学习的聊天机器人会更擅长照应多个句子前涉及的主题：

你好，Neuralconvo。

**嗨！你今天好吗？**

我正在写一本书。我可以引用你的回复吗？

**当然，我已经准备好打棒球了，你呢？**

你看书吗？

**是的，我经常看。**

你最喜欢什么？

**我喜欢推理小说，我也喜欢打棒球。**

你最喜欢的推理故事是哪个？

**我喜欢打棒球，我还养了一只猫。**

你有喜欢的作者吗？

111　　**我有，但不是推理小说作者。你有宠物吗？**


## 说话真好


在自然语言处理领域，最引人注目的突破来自消费者产品和家用产品，它们能进行语音识别、自然语言处理，然后把回复内容转换成语音播放给我们听。

人工智能能理解文字已经难能可贵。但人类毕竟是社会动物，我们喜欢交谈。任何想要融入人类社会的机器人都需要能够理解我们的话语，并对我们做出答复。这其实很棘手，因为我们会发多种繁复的杂音，却都对应于一些字眼，而且我们喜欢把字眼安排在无限变化的句子中，每个句子的含义都略有不同。能与我们交谈的人工智能（如苹果的Siri、微软的Cortana、亚马逊的Echo和谷歌的Assistant）都是人类现有的最复杂算法的组合，这一点也许并不值得惊讶。它们首先要识别我们的口语。为此，我们可以使用神经网络的监督学习，就像我们进行图像识别一样（参见第五章）。

但社会环境的声音很嘈杂，所以机器不可能总是听清每个声音。为了解除困惑，人工智能会将初始的理解修正为人们更有可能说出来的话语，毕竟大多数人每

天都会说很多相同的话。你说"我在火车上"比"我在火舌上"的可能性要大得多，即使机器认为自己听

你好，需要帮忙吗？

到的是后者，它也会修正为前者。然后，聊天机器人可 112 以生成文本响应。这句话被推送到语音合成器中——这是另一类人工智能算法，来分析这句话，并利用上下文来改变单词发音的音调和延时，这样发音听起来更正确、更自然。所有这些匪夷所思的计算都需要实时进行，立即产生结果。

**语音是最自然的界面，因为每个人都已经知道如何使用语音。童年时，我在科幻小说中读到过可以跟人对话的计算机——我很激动地看到那个幻想世界开始变成现实。**

**——威廉·通斯托尔-佩多（2019）**

## 说话真难

这些技术组合起来极其有效，并且带来了未来感十足的技术。比如会说话的机器人能帮我们轻松地寻找信息，或控制家居。但这仍然是人工智能最难的应用领域之一，因此正如许多人已经发现的那样，用于交流的人工智能并不总是特别可靠。只要问它们一些意想不到的问题，或者用系统没有训练过的口音提问，

即使是精巧的技术也会失败。如果你人在英国，向 Siri 询问一位德国心理学家——"嘿，Siri，我想了解 Hans Eyesenck"。Siri 在进行分析后，可能会决定它听到的是以下句子中的一个：

**嘿，Siri，我想了解 ISEQ。**

**嘿，Siri，我想了解 harms I think（我以为的伤害）。**

**嘿，Siri，我想了解 Hahnes I sing（我唱的哈恩）。**

但这些答案都不对。看来我们需要更多的数据，以及训练得更好的机器学习模型。但这似乎也有很大的弊端。2019 年，一个研究小组分析了在自然语言处理领域最成功的几个深度神经网络的训练对于自然环境的影响。他们发现，除了几百万美元的云计算成本外，它们的碳足迹可能与五辆汽车的整个生命周期一样高。虽然人工智能技术在训练结束后的应用可能会很高效，但创造人工智能的过程并不高效或便宜。"一般来说，人工智能的许多最新研究都忽视了效率问题，"卡洛斯·戈麦斯·罗德里格斯解释说，"因为人们发现规模极大的神经网络对多种多样的任务都很有用，那些拥有丰富计算资源的公司和机构可以利用这一点来获得竞争优势。"

微软在 2016 年探索过一个方案：利用众包来提供数据，帮助他们的推特聊天机器人学习。Tay 于 2016 年 3 月 23 日推出，但仅仅 16 个小时后就被匆忙关闭，因为网友教给 Tay 各种粗话和与毒品相关的语句，然后它顺理成章地把这些语句推送给了众多关注者。

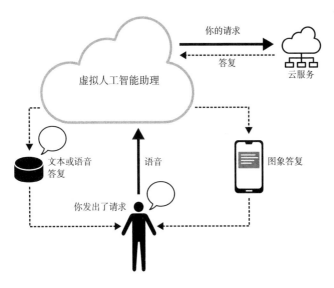

虚拟人工智能助理

你的请求

答复

云服务

文本或语音答复

语音

图象答复

你发出了请求

　　在交流中使用人工智能还会有其他后果。今天，我们的技术可以阅读数以百万计的社交媒体帖子，并据此将我们划分为各种类别。技术每天可以分析数以百万计的新闻文章和博客，追踪公众对特定话题的情绪。伪装成人类的聊天机器人可以给我们发送一些具有针对性的广告或政治信息。舆论意见可以由此被监测和管理。甚至我们获取信息的方式也是由人工智能策划的。推荐系统会监测我们在移动设备上喜欢阅读哪些内容，并向我们推送更多类似的内容，让我们看到的世界变得更加狭窄，由此进一步加强我们的偏见。

115

**关于人工智能的所有事物都白热化了。现在是时候后退一步，仔细看看它将何去何从。**

**——艾米·韦伯，纽约大学教授、未来学家（2019）**

今天，那些不受欢迎的政权更容易控制人民，民粹领袖也更容易赢得权力。人工智能是否破坏了民主，破坏了世界的稳定？

尽管有许多糟心的新闻报道，与我们的书面和口头语言打交道的人工智能技术仍然在让我们的世界变得更好，而且也仍有潜力做到利大于弊。正是通过自然语言处理，研究人员现在可以将成千上万互相独立的科学论文整合对照，得出人类无法实现的新发现。也许我们也需要通过人工智能，才可以真正了解千百万人民的意见和看法，并帮助政治家和机构更好地满足人民的需求。所有的新技术都可能被用于为善或作恶。我们需要意识到人工智能的影响，并确保它得到恰当的应用。

116

117

# 第八章
# 重新想象现实

智慧的真正标志不是知识而是想象力。

——阿尔伯特·爱因斯坦

闪亮的云团在黑暗中盘旋飞舞。它们相向冲撞，似乎彼此撕碎，变成烟雾，很快又凝聚成更明亮的火花。它们围绕彼此旋转，就像有自主意识的焰火。一个满含光点的大螺旋云团形成，还有小一点的螺旋云不时在边上飘过。但突然间，另一个螺旋云飘得太近了，就像磁铁相吸一样，两朵螺旋云的结合爆发出灾难，一下子向四周的空间抛撒出许多碎片，它们各自火热的内核短暂地互相围绕振荡，直到最终合二为一。现在，螺旋体重建完成，合并后的形态继续在黑暗中旋转。

这是一个巨大的"后期型"盘状星系形成的景象。尽管动画生动逼真，但实际上这样的景象是任何摄像机都捕捉不到的，因为它所描绘的时间跨越了上亿年。但是，上文所描述的精彩动画并非来自哪个故事讲述者的头脑，而是IllustrisTNG项目的成果。它是一个计算机模拟系统，能够用我们对物理定律的最佳理解，以前所未有的细节来模拟我们宇宙的形成过程。

## 数码式考察

人工智能有很多种类。许多研究人员设计人工智能的思路是怎样用它解决一个问题，并且提出一套最佳和最有效的方法。而其他研究人员则更喜欢将计算机视作工具，以此对科学问题进行考察。建立计算机模拟与制作计算机动画或游戏不一样，后者想怎么制作都可以，而前者的目标是建造一个虚拟的实验室，其行为与现实完全一致，只是某些变量由我们来控制。如果我们希望了解一些在现实生活中难以感受到的缓慢变化，我们可以在模拟中加快时间。如果我们希望深入了解一个在现实生活中可能无法解剖的复杂对象，我们可以使用计算机来展现其内部的构造。如果我们想问"如果……会怎样"的问题，那么我们可以对模拟进行一些微调：如果物理定律发生微妙的变化，会怎样？如果进化中的生命面临异常炎热的环境，会怎样？

对现实世界进行建模并不容易，需要非常谨慎地收集和使用数据。有一句老话说得好："垃圾进，垃圾出。"如果你的模型不准确，那么就不能指望它做出精准预测。不过所有的人造模型都是有问题的，因为我们的计算机还没有强大到可以模拟现实世界的所有方面。解决这一缺憾的诀窍是，只对我们感兴趣的方面进行建模，而省略其他影响不大的参数。因此，研究人员必须尝试对现实进行抽象和简化。这些抽象和简化必须足够强大，能够为我们提供新的答案，

**垃圾进，垃圾出。或者更恰当的说法是：胡扯之树由错误浇灌，枝条上荡着灾难的南瓜。**

**——尼克·哈卡威，《消逝的世界》（2008）**

但又必须足够简单，让计算机能够在较短的时间内模拟出结果。研究人员必须仔细校准模型的每一部分，

120

确保其根据现实世界的数据运行出正确结果。模型做出的任何不正确的预测，也应该用来进一步完善模型。对经济学模型的一个常见的批评是，它们很少用真实的数据来验证，而且常常假设人们始终会有理性的行为。这可能导致谬以千里的预测，于是在政府试图稳定或调节动荡混乱的市场时，这些模型就往往帮不上忙。

121

在前面几章中出现的许多人工智能方法都可以被视为一种计算机模拟。卡尔·西姆斯的虚拟生物是对模拟环境中进化的生命的简单模拟。神经网络的早期思想是基于对神经元工作原理的理解。许多优化算法基于生命系统如何工作的简单思路：遗传算法的灵感来自自然进化，蚁群优化基于蚂蚁集体寻找从巢穴到食物的最短路径的方式，人工免疫系统的算法基于我们的免疫细胞检测和应对病原体的方式。机器学习算法为其学习的数据建立的简单"模型"，就可用于预测。

人工智能领域还有其他专门用于建模和模拟的技术。有的模型基于许多联合使用的方程式；它也许会使用一组微分方程，解出方程就能确定电路或化学过程的行为。空间模型（试图确定物理对象在现实世界中的行为方式）通常将空间划分为被称为网格的小块，并计算网格中每个元素的状态。"计算流体动力学"就用这种方法来模拟气体和液体的复杂行为，让飞机的设计在模拟中得以完善。而有限元分析等方法经常可

122 以在实际建造一座建筑之前，让我们理解其应力分布，这样我们才能选用正确的材料设计出更安全的结构。

## 细胞自动机

细胞自动机是有限元分析的一个比较简单的分支，几十年来一直用于人工智能，模拟从化学作用到物理学过程等许多情景。最基本的细胞自动机就是一个简单的细胞网格，每一个细胞可以被填充或不予填充。当模拟程序运行时，时间被切割成离散的步长，在每个时间步长里，计算机迭代每个细胞，并遵循一些简单规则，例如，如果一个细胞的两个相邻细胞被填充，那么这个细胞就被填充，否则就不填充。

细胞自动机背后的概念最早由数学家斯坦尼斯瓦夫·乌拉姆提出，他试图模拟冯·诺伊曼的点子，创造一种含有电磁成分的液体。乌拉姆和冯·诺伊曼都被这个想法迷住了，冯·诺伊曼因此提出，生命系统可以被定义为一种可以自我繁殖并模拟图灵机的事物（也就可以执行计

123 算机可以完成的所有任务）。冯·诺伊曼将"通用构造器"定义为，可以通过处理其环境来制造跟自己一样的副本机器。他还用细胞自动机算法来解释这

> **如果人们不觉得数学简单，那只是因为他们没有意识到生命是多么复杂。**
>
> **——约翰·冯·诺伊曼（1947）**

## 康威的生命游戏

在生命游戏中，被填充的细胞就是"活的"，空细胞是"死的"。这个游戏的细胞自动机有四条简单的规则。

人口不足：一个活细胞的活邻居如果少于两个就会死亡。

存活：一个细胞有两个或三个活邻居，就能继续存活。

人口过剩：一个细胞有超过三个活邻居，就会死亡。

繁殖：一个空（死）细胞正好有三个活邻居，就会变成一个活细胞。

我们先用一些随机放置的活细胞作为细胞自动机的种子，把模拟运行起来。猛然间你就有了一个看起来很有生机的、遵循一些稀奇古怪模式的生长扩散过程。有时细胞可能会全部死亡，有时细胞可能形成持续来回振荡的固定形状。如果我们用一种特定的复杂形状作为这个细胞自动机的种子，它甚至可以制造自己的副本——那么你可以在生命游戏中造出一个冯·诺伊曼通用构造器。

124

种生命如何运作。

1970年，英国数学家约翰·康威采纳了这一想法，创造了一种特殊的细胞自动机，并称之为"生命游戏"（参见上文）。

125 细胞自动机获得了一些科学家的钟爱，他们甚至声称它可以解释生物系统的运作，甚至是宇宙的运作。计算机科学家、流行的Mathematica软件创始人斯蒂芬·沃尔夫拉姆就是这种观点的拥护者。他认为："我们发现人类的计算能力实际上并没有胜过遵循简单规则的细胞自动机，这也许有点令人惭愧。但计算等价原则也意味着，我们的整个宇宙也终究不过如此。"

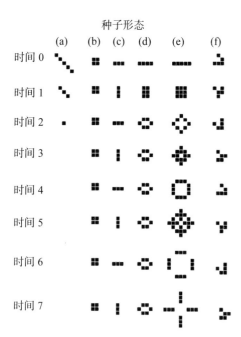

## 数字代理

细胞自动机将空间和时间分隔成离散的小块，而其他类型的模型则比之更为宽松。基于代理的建模（ABM）最初来自冯·诺伊曼关于细胞自动机的思想，并最终发展成为自成一派的科学方法。（"多代理计算"的概念听起来与之类似，但实际上是另一种相关的人工智能方法，它主要研究软件代理如何互动以解决问题，但它不太关注建模，而是更关注实际问题的解决。）

基于代理的模型有时也被称为基于个体的模型，它是一类模拟自主实体行为的算法。这些实体可能是器官中的生物细胞、液体中的分子、人群中的人，或任何具有独立行为的相似实体的集合，而这些实体的独立行为取决于个体之间的互动。这种模型可以用于研究规模庞大的系统：建立一个虚拟的实验室，然后把个体释放出来，让它们各行其是。每个代理使用一些规则或算法，能够自主行动并与同伴互动。基于代理的模型可以使用任何形式的人工智能来驱动代理的行为，包括一些复杂的深度学习算法。即使每个代理的行为是由相对简单的规则或算法驱动的，当它们相互作用并相互影响时，哪怕为了增加真实性而加入一点随机性，其结果也常常涌现出出乎意料的更高层次行为。一只飞鸟看起来很简单，但是一大群飞鸟可以

126

在空中盘旋并改变队形，就好像它们在整体上具有某种统一的智能。基于代理的模型可以将人工智能的许多方面和相关领域结合起来，如复杂系统、进化计算、经济学、博弈论、社会学甚至是心理学。

克雷格·雷诺兹是一位计算机图形专家，也是电影《创》最初版的场景程序员之一。1986年，他创造了一种基于代理的模型算法，他称之为boids（鸟类物体的简称）。他的算法首次展现出一群各自独立运动的代理，每个个体都遵循简单的行为规则，却可以产生与自然界中观察到的鸟群和鱼群完全相同的行为。

127 其基本规则简单得出奇：每个boid都尽量避免与相邻的boid相撞，沿着相邻boid的平均方向飞行，并向附近boid群体的质量中心（平均位置）移动。雷诺兹的算法效果极好，以至于此后一直被电影业用来模

拟鸟群或人群，最早的例子之一便是电影《蝙蝠侠归来》（1992）中计算机生成的蝙蝠群和企鹅群。同样的算法现在通常用来控制机器人集群，以确保它们在解决一个集体任务时能有效地合作。雷诺

兹至今仍在模拟代理方面继续耕耘，为开发自主机器人和车辆的Righthook公司效力。

雷诺兹发明boids之后不久，一类新的人工智能被正式命名为人工生命。这一领域结合了人工智能研究人员与生物学家、化学家、哲学家甚至艺术家的共同兴趣，所有这些人都想用计算机来研究关于生命系统的基本问题。人工生命研究者通常

**鸟群的飞行是一个特别值得玩味的关于涌现的例子：复杂的整体行为可以从简单的局部规则的互动中产生。**

128

**——克雷格·雷诺兹（2001）**

用基于代理的模型来探索第一个自我复制的分子如何产生，细胞如何发育，多细胞生物如何进化，大脑和感知如何形成，以及复杂的生态系统如何运作。

深度学习等其他形式的人工智能专注于工程化的高效解决方案，而在人工生命和计算生物学的相关领域，人们研究的是与生物学的关系更密切的模型，以了解生命是如何运作的（例如尖峰神经网络；参见第十章）。计算机模拟对于这些神奇的研究是必不可少的工具。

## 克里斯托弗·兰顿（1949—　）

计算机科学家克里斯托弗·兰顿不仅创造了人工生命一词，并且在1987年举办了有史以来第一届关于生命系统之合成和模拟的研讨会（后来被称为人工生命会议）。克里斯托弗开创了对细胞自动机中产生的复杂性的早期研究，并提出复杂的形式（特别是生命系统）是存在于秩序（一切是静态和有规律的）和无序（一切是随机的）之间的一个区域。这是看待生命系统的一个重要的新方法：不要把它们看作遵循可预测的确定性运行的发条机器，生命实际上处于"混乱的边缘"，它的组成部分相互作用，使生命大于其所有部分的总和。新涌现的行为是不可预测的，但也是有价值的。兰顿创造了一些看似简单的模型，如"兰顿蚂蚁"，它根据非常简单的规则移动，在身后留下痕迹；还有"兰顿环"，它模拟了一种非常简单的人工生命，有自己的遗传信息。尽管它们看起来很简单，但由此产生的涌现行为对复杂形式的发展过程提供了重要的洞见。

129

## 虚拟未来

计算机的模拟和建模其实就相当于人工智能的想象力，而想象力是我们拥有的最强大的智能形式之一。我们不仅仅会简单地预测刚刚从我们手中掉下去的吐司会落到地上，我们甚至可以想象整个场景，乃至整个世界，里头有想象中的人物做着想象中的事情。计算机的想象力比我们强大得多。只要有合适的算法，130它们完全可以想象出整个宇宙。

今天，有的人工智能模型可以模拟人群的运动，以便我们能设计出更实用的建筑；有的可以预测肿瘤细胞对癌症疗法的反应，或者经济如何随时间变化；有的模型甚至可以研究人类的起源和我们的社会如何形成。模拟在娱乐业中被广泛用于电影特效、虚拟现实、增强现实以及游戏。它们每天都被用来预测天气。在预防疾病方面，它也已经取得了一些显而易见的成功案例。例如，在2001年，英国出现了口蹄疫流行。人工智能模型预测，对牲畜的大量扑杀将在两天内将疾病的指数级增长转变为指数级衰减。当局采纳了这个模型提出的建议，尽管这意味着牲畜生命的悲惨损失，但它极为有效，根除了这次传染病疫情。

但计算机模拟通常是当今人工智能中计算量最大的一种形式。即使有正确的输入数据，我们也受到可用计算资源的限制。尽管硬件的发展迅速，我们的计

131 算机仍可能无法模拟出我们想要的现实细节，而且模拟运行所需要的时间也许会长得不复实用。

人工智能所能实现的有些模拟是如此重要，可能会影响地球生命的未来。气候模型是所有模拟中最复杂的一种。它们必须整合大量历史资料和当前传感器的数据，并对我们大气层中各种气体的浓度如何影响未来的全球变暖和天气模式做出预测。随着这些模型的完善，我们可以进一步了解如何防止伤害我们的星球。

> **如何找到一个简单到可以计算的近似状态，但又不至于简单到失去有用的细节，这是一门艺术。**
>
> **——迈克尔·莱维特，诺贝尔奖得主、结构生物学教授（2013）**

虽然对研究人员来说，对所有可能的东西建模并使用所有可用的计算资源总是极其诱人的想法，但有时其复杂性太高，以至于结果很难解释。因此，必须要有一些模型（例如那些使用概率方法的模型）不仅仅做出预测，还要为预测提供一定程度的确定性，这样我们就能了解应该在多大程度

132 上相信这些预测。

# 第九章
## 增强感受

感受是不能忽视的，无论它们看起来多么不公平，或多么不领情。

——安妮·弗兰克

艾略特在一家商业公司拥有一份成功的工作；他与朋友和家人过着美好的生活。他是兄弟姐妹的榜样，也是一个好丈夫。但是艾略特患上了严重的头痛。经过检查，他被诊断出前额叶脑瘤。艾略特很幸运，因为他的肿瘤是良性的，可以做手术切除，并且手术很成功。他恢复了健康，手术虽然对他的大脑造成了轻微的损伤，但似乎没有带来任何影响。他得以回到工作岗位上，继续他的生活，好像什么都不曾改变。但是随着时间的推移，艾略特的生活慢慢地崩溃了。现在，当他试图接手新的项目时，他怎么也完成不了那些项目。他犯了无数的错误，不得不由其他人来纠正。他被解雇了。没过多久，他的婚姻也破裂了。他和一个不靠谱的家伙结成商业伙伴，被卷入了一项恶劣的圈钱计划，结果破产了。他再次结婚，娶了一个完全不适合他的女人；第二次婚姻很快也破裂了。他最终搬到了一个兄弟家里。他的兄弟意识到有些不对劲。艾略特已经不再是以前的那个他了。

医生把他介绍给神经科学家安东尼奥·达马西奥博士。经过检查，博士发现艾略特表面上看起来完全正常。他记忆力很好，没有语言障碍，没有明显的问题。但他不再有感受，完全没有情绪了。他是一个完美的、只遵循逻辑的决策者。然而没有情感，他就无法决定任何事情。每天面对无数的决定，他没有办法做出积极或消极的判断。应该吃麦片还是吐司？应该把工作中的文档按日期分类还是按重要性分类？今天

133

晚上他应该做什么？下周呢？艾略特被淹没在铺天盖地的决定海洋中，要么陷入犹豫不决，要么做出错误的选择，最后毁了自己的生活。

艾略特并不是唯一已知的例子。在20世纪30年代，一位神经学家曾发现一个股票经纪人的前额叶受到了损害。这个人的生活也毁了。他从不离家，只是待在家里策划他的职业复出，夸耀他的性能力，尽管他不再有工作或性伙伴。

**如今我认为艾略特的冷血推理让他无法为不同的选择赋予不同的价值，这样他所考虑的决策景观就是一片毫无希望的平地。**

**——安东尼奥·达马西奥（2005）**

也是在20世纪30年代，另一个患有焦虑症和精神分裂症的病人经历了一项考虑不周的手术，也导致类似的结果。毫无疑问的是，情绪帮助我们做出决定。没有情绪，即使我们可能智商超高，拥有解决问题的能力，我们也无法在现实世界中发挥作用。

## 情　商

关于情商的这些思想相对较新，但对人工智能来说正在变得越来越重要。纵观历史，大多数人工智能研究人员都是男性科学家和工程师——他们不一定以富有同情心或社交风度见长。在几十年的研究中，几乎所有的雄心壮志都是为了在人工智能中实现冷酷的、富有逻辑的决策、控制和预测。人工智能应该理解情感，甚至应该拥有情感的想法并不常见。事实上，大多数研究人员认为情感会妨碍决策，人工智能最好是没有情感。

情感人工智能或者说情感计算的一些最早期工作始于1995年，由麻省理工学院媒体实验室的教授罗莎琳德·皮卡德负责。皮卡德受达马西奥对艾略特的研究的直接影响，因为那项研究揭示了情感对于决策的重要性。此后，其实验室的研究人员花了20多年时间探索情感人工智能的各个方面。

135

人工智能在情感上的最初突破，是由面部和语音识别技术的改进而取得的（参见第五章和第七章）。皮卡德等研究人员发现，除了识别人脸外，他们还可以训练人工智能从人脸的表情中识别情绪。除了识别语音外，他们还可以教人工智能检测同紧张、愤怒，甚至撒谎相对应的语气变化。2009年，皮卡德与博士生拉纳·埃尔·卡利乌比创立了Affectiva公司。这家公司开创了一类机器学习方法，用于分析人们在观看广告时的情绪，让超过25%的全球500强公司能够更准确地了解它们的广告对人们产生的影响，从而精准地改进广告。他们还为汽车提供了一套解

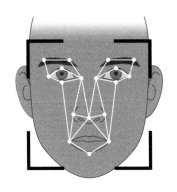

131

决方案，利用面部和语音识别来监测乘员的情绪状态，确保人们行车的安全，并让他们在车内感到更加舒适。今天，面部识别方法经常用于识别自闭症、精神分裂症、阿尔茨海默病，也用于犯罪预测系统。

136

麻省理工学院还衍生出另一家公司Empatica，使用可穿戴的手腕传感器来帮助监测癫痫。研究人员开发了机器学习方法，将神经系统事件分类为情绪压力

### 面部情绪识别

所谓面部情绪识别，就是通过机器学习来识别面部每块肌肉［或叫"动作单元"（AU）］的运动。然后，计算机使用面部动作编码系统（FACS）来破译面部正在表现的情绪。例如，AU6+AU12+AU25表示"快乐"，而AU4+AU15+AU17则对应"悲伤"。有些AU经常同时出现，有些只是偶尔出现，并可能改变情绪的含义（想想皱眉的同时微笑）。有些不会同时出现，例如AU25（嘴唇分开）和AU24（嘴唇紧闭）。利用这些从多年研究中总结出的规则，计算机可以分析人脸的图像和视频，并检测我们可能难以发现的甚至是短暂的微表情。它还能分辨出虚假的职业性微笑和真诚的发自内心的微笑。

137

所致（然后可以让我们合理减轻生活中的压力）或癫痫发作等严重事件（这有助于迅速召唤恰当的医疗护理）。"在测量情绪的生理学反应时，我们了解到某些神经事件（几种癫痫发作）发生在大脑深处涉及情绪的区域，"罗莎琳德·皮卡德解释说，"这些事件可以用我们制造的腕带来测量，虽说这种腕带最初设计是为了测量情绪的各个方面。"

这种技术现在正被许多企业所采用。例如，位于阿姆斯特丹的飞利浦公司和荷兰银行会在金融交易员的手臂上戴上传感器。机器学习算法会检测和分类情绪状态，显示出不同颜色供佩戴者查看。当交易员了解自己的情绪时，其交易风险就会降低，由此避免意外并且极其昂贵的判断错误。

138

## 社交机器人

人工智能也许能够识别情感，但是要制造出能真正与我们互动的智能机器人，人工智能学者仍旧面临一些令人头疼的问题。当人工智能操控着栩栩如生的人类或动物机器人时，我们会感觉非常不舒服。奇怪的是，我们对类似玩具或卡通人物的机器人却很满意。当然我们对真人或真实动物也很满意，然而当我们看到一个半现实的、看起来不太对劲的机器人时（就像目前所有的机器人一样），我们发现它们几乎像会动的尸体。这种效应被称为"恐怖谷效应"。随着逼真度的提高，到了人工智能设备几乎和真人一样的地步时，我们会感到不安。只要机器人一动，我们的情绪反应就会变得更加负面。

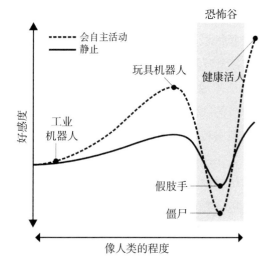

这是个很严峻的问题，因为有无数的应用需要机器与人互动。如果机器人可以自动监测医院里的病人，或者居家老人的健康状况，那会非常有用。如果有机器人接管枯燥的接待员工作，或为商场的购物者提供信息，那就太好了。这种机器人最好能给我们提供舒心的陪伴，让我们开心，并能意识到它们对我们的情

**139**

绪影响。这类机器人被称为社交机器人。

海豹帕罗是最早的社交机器人之一。帕罗由日本国立高等工业科学和技术研究所的柴田崇德于1993年设计，其模板是柴田在加拿大东北部实际观察过的竖琴海豹。这种雪白蓬松的小机器人会灵巧地移动四肢和身体，其发出的海豹声音是柴田从真海豹那里录来的。帕罗的设计令它在被人抚摸时就会做出反应，会看着我们的眼睛，会对自己的名字做出反应，并且会学习一些动作让人们更喜爱它。帕罗之所以能避免恐怖谷效应，是因为柴田把它做得非常像玩具。它最终注册为医疗设备，并用于阿尔茨海默病患者护理院的治疗。

一些大学机构正引领着社交机器人领域的进展。麻省理工学院的辛西娅·布雷泽尔开创了Kismet，一个看起来有点怪异的卡通机器人头，不仅能够理解面部表情、手势和语音语调，还能用可以活动的嘴唇、140

眉毛、眼睛和耳朵表达其反应。赫特福德大学的克里斯汀·道腾哈恩和本·罗宾斯开发了Kaspar，这是一个儿童模样的人形机器人，用于与自闭症儿童互动，帮助他们进行沟通，参与人际交往和游戏，确保

情绪健康并开发学前技能。国家自闭症协会的主任卡罗尔·波维解释说："许多自闭症患者被这项技术吸引，特别是它所提供的可预测性，这意味着它可以成为一个吸引儿童和成人参与治疗的非常有用的手段。"

如今，许多公司都在试图生产能让用户拥有参与感、具有更多情感意识和个性的家用机器人，比如恐龙宝宝机器人Pleo，Anki公司的Vector机器人，或者Keepon——这是由日本国立信息和通信技术研究所的小岛秀树发明的一个会跳舞的黄色小雪人形状的可爱机器人（它的另一个版本多叫Zingy，出现在2012年EDF能源公司的广告活动中）。更早些时候，2006年就出现了一个名叫Nabaztag的智能家居机器人，形状是一只兔子，它能朗读电子邮件，能表达一些有趣的随机想法——"我的帽子在哪里？你看到我的帽子了吗？"——也能转动长耳朵。尽管一项调查显示，它在针对老年用户的陪伴方面是很受欢迎的，但其总体效

141

果始终无法让客户满意，这家公司也没有存活下来——其他许多社交机器人公司也出现了这种趋势。到了2020年，这些美好、有趣、对用户有益的机器人大多被无穷无尽的智能家居音箱所取代，这也许是一种悲哀。这些千篇一律的圆柱形音箱以亏本价出售，因为它们的主要功能是用作营销工具，以增加家

庭用户购买其他产品的概率。它们似乎可以用语调来表达情感，但它们对人类情感的理解为零，本身也没有真正的情感。

## 情感人工智能

情感人工智能或情感计算的最终目的，是让人工智能拥有自己的情感。识别他人的情绪只能让你了解你的行为正在产生什么影响。感受自身的情绪才能让你真正产生同理心，并更有效地做出决定。

研究人员在人工智能和多代理模型中模拟情感已有多年的历史。一些人简单地使用数值概念（例如，幸福是0.9）；一些人使用模糊逻辑模型（参见下文第139页）。有些模拟情绪可能是被动反应性的，比如火带来的恐惧，食物引发的快乐等。

142

**问题不在于智能机器能否拥有情感，而是机器能否在不拥有情感的情况下实现智能。**

**——马文·明斯基（1986）**

有些情绪模型结合了性格等心理学特征，以调节每种情绪对行为的影响。符号人工智能方法已被用于创建有关情绪状态的规则。"如果现在评估的情形能带来明朗和愉悦感，就会产生快乐。"这种方法能使代理"感觉"到快乐、愤怒、惊讶、恐惧、恐慌、焦虑和遗憾，并对这些情绪进行推理。有些研究人员开始模拟情绪的生理过程，让情绪状态自行修改神经网络的行为，就像大脑中名为边缘系和杏仁核的区域可能影响大脑的整体行为一样。就像真实的情绪帮助人类在现实世界中发挥作用一样，研究人员希望将情绪纳入人工神经网络，让机器人能够映射并学习情绪状态，让它们有能力像我们一样做出快速和有效的判断。

143

## 关怀型人工智能

情感计算是人工智能最新最重大的进展之一，在2019年其市场预估已有222亿美元，而在2024年将增长到900亿美元。可穿戴技术的广泛应用使得数据收集（人脸图像、声音音频和生理数据，如心率和汗液）越来越容易。现在，我们的机器学习算法也更有能力对这些数据进行分类，准确预测我们的情绪状态。这应该会带来更多能够随机应变的聊天机器人。当我们明显生气或沮丧时，它们会把语气缓和下来。汽车制造商已经在开发一些车用技术，当我们的行为能力受到愤怒或抑郁的不利影响时，它们会警告我们不要开车。英国政府已经在使用更为先进的情感分析，将社交媒体上的评论分类成特定的情感情绪。随着数字眼镜（如谷歌眼

## 模糊逻辑

模糊逻辑是一种多值逻辑，由先驱数学家和计算机科学家洛夫提·扎德于1965年首次提出。普通逻辑讲究二进制的是/否、开/关，而模糊逻辑定义了一个集合中不同成员的程度。模糊逻辑类似于概率，但又不同于概率：模糊逻辑值代表一次观察归属于一个模糊定义的集合的程度，而概率则代表某个事件发生的可能性。一个普通逻辑表达式可能对二进制逻辑变量"快乐"有着"是"或"否"两种值。而在模糊逻辑中，同一个概念将用几个语言变量来表述，这些语言变量对应于重叠的模糊集，例如情绪这个概念可能被模糊化为数值，情绪0.8属于模糊集快乐，0.3属于模糊集悲伤，0.1属于愤怒，0.4属于惊讶。语言变量的应用让模糊逻辑更容易理解，它用多个值来表示逻辑的能力，这意味着它可以在控制应用中提供更大的精度。今天，模糊逻辑被广泛用于控制地铁列车、电梯甚至电饭煲的人工智能中。

144

镜）越来越普及，Brain Power等公司正在为自闭症患者推出新的辅助工具，为他们提供关于他人情绪状态的提示，并帮助他们更好地理解情感世界。有些公司正在通过聊天机器人提供行为疗法，开发心理健康方面的解决方案。比如，Ellie是美国DARPA资助的虚拟人物，它能帮助患有创伤后应激障碍的士兵。Karim是由硅谷初创公司X2AI开发的聊天机器人，它能帮助叙利亚难民克服创伤。

145

未来看起来很光明。然而与所有其他技术进步一样，情感人工智能也有其阴暗面。某些公司会在未经我们同意的情况下使用我们的生理和情感数据，这使得许多人对隐私保护产生了担忧。如果这些数据被用于不那么令人愉快的目的该怎么办？微软的女性聊天机器人"小冰"外表漂亮，聊天时表现出非凡的魅力，因而获得了相当多的关注。全球大约有1亿名18至25岁的青年与她聊天，其中一些人经常把她作为朋友的替代品，这是我们治疗孤独所应该使用的方法吗？还是说这是科技公司为了培养品牌忠诚度而采取的一种带有讽刺意味的策略？

> **到2022年，你的个人设备将比你的家人更了解你的情绪状态。**
>
> ——安妮特·齐默尔曼，高德纳研究副总裁

2017年，脸书发给广告商的备忘录遭到泄露。这份备忘录声称脸书可以实时监控帖子，并识别青少年何时感到"不安全"、"没有价值"和"需要增强

信心"。他们表示，他们可以对"压力大""有挫败感""不堪重负""焦虑""紧张""愚蠢""无用""失败"等感觉进行分类。更早些时候，脸书在2014年进行的一项研究也受到了批评：他们在研究期间操纵了近70万用户的新闻源，以影响他们的情绪。这违反了道德准则，因为这些用户没有给予脸书知情同意。146

　　我们当然不会允许一个机器人到处乱跑，随意击打他人，因为这会不可避免地造成伤害。但很明显的是，人们仍然没有意识到情感人工智能也会造成伤害，而且情感伤害更难检测和修复。当我们将情感纳入人工智能的意识和能力时，我们绝不能将情感人工智能当作操纵人的新工具，因为这可能会对个人和社会造成极大的风险。147

# 第十章
# 了解自我

认为人工智能会出于自身目的做自己想做的事，就像认为计算器会进行自己想做的计算一样。

——奥伦·埃齐奥尼

1988年2月，举世闻名的物理学家理查德·费曼在去世时留下了一句话。这行字是用粉笔写的，字迹歪歪扭扭，写在了加州理工学院那块他常用的黑板的左上方。这句话几十年来一直激励着许许多多的计算机科学家，并持续到今天。曾有人用这行简单的字来证明一整个需要数百万美金的研究计划是值得投入的。

我造不出的东西，我便不明白。

欧文·霍兰德是一位认同费曼名言的科学家。在其职业生涯中，霍兰德一直在探索生物系统如何运转，并且试图自己造出等价物，来揭开智能的神秘面纱。在此过程中，他创造了许多神奇的机器人。（他的发明中有一个很不寻常的机器人叫作Slugbot，这是一个能"吃"真正的鼻涕虫的机器人，旨在用鼻涕虫腐烂的身体产生动力。）他野心勃勃的最终目标，是试图理解人类的意识。这也许是人工智能的终极梦想。霍兰德的方法是模仿自然，其模仿的深入程度远胜前人在机器人领域的种种尝试。其团队造出了CRONOS，一个看起来相当可怕的人形机器人，头部有一只独眼，其解剖结构尽可能地符合人类的骨架。其骨头是用塑料生产

145

的，结构相当精巧，足以匹配人类的骨骼。其促动器与弹性肌腱结合起来，可以拉动骨骼，表现就宛若肌肉。霍兰德认为，身体复杂性和控制它所需的大脑复杂性之间存在关联。

CRONOS的身体极其复杂。事实上，其复杂程度和难以控制的特性使得霍兰德团队无法取得成功。CRONOS的身体可以容纳一个有意识的大脑，但研究人员费了九牛二虎之力也难以造出有意识的大脑与其身体匹配，反而大部分时间都在设计能运转的控制150 系统。(后来的科学家从这项工作中吸取了教训，催生了新的促动器和新的机器人，如看起来更友善一点的儿童尺寸的机器人版本Roboy。)

但是，他们的努力并没有白费。霍兰德认为他在研究过程中找到了一些问题的答案。他认为，所谓意识就是要让机器人对外部世界形成自己的内部模型，这尽管是它自己想象中的现实，却应该包括一套自身的模型。当机器人能够思考自我、自己的身体，以及它可能对现实世界产生的反应和影响，并且把这些东西与世界本身分开时，这种自我意识也许才是走向

人工意识觉醒的第一步。新的功能可以被一步一步地添加进来——语言、语音、记忆、动机——而研究人员可以深入探察机器人的内心，看看它在想什么。也许，当机器人开始觉得想象中的自己比现实中的自己更重要时，它的意识就觉醒了。

霍兰德仍然乐观地认为，我们将在未来几十年里实现计算机的自我意识。"你还记得计算机上的贴纸，上面写着Intel Inside（内置英特尔处理器），"霍兰德说，"我们正在等待写有Consciousness Inside（内置自我意识）的贴纸。"

## 通用人工智能

虽然霍兰德等研究人员的目标是让计算机发展出更为出色的自我意识，而这种雄心壮志可以提高人工智能了解自己和自身行动的能力，但是有意识的人工智能并不一定意味着有用的人工智能。它甚至不一定是个聪明的人工智能。如果我们需要一种能派上更广泛用场的人工智能，我们将需要一种更为通用的智能技术。

如今，我们的众多人工智能里没有什么通才。它们几乎无一例外都是专家，而且是非常狭窄领域的专家。如果你要求负责控制质量的人工智能告诉你明天的天气情况，或者要求负责生成音乐的人工智能预测股价，你得不到任何有意义的答案。开发具有狭窄专业知识的人工智能更高效、更实用，这就是为什么大多数人工智能的解决方案都采取这种方式。但是，当我们希望我们的人工智能以更日常的方式与我们互动，了解我们的需求，进行真正的对话，或了解其行为的广泛的社会、道德或环境影响时，我们想要的其实是一种通用人工智能。

152 "通用人工智能"便是研究人员用来描述这种更强大的人工智能的术语。它包含了行业对人工智能系统的宏伟愿景，它将拥有人类水平或更高水准的通用智能。为了使人工智能获得更多更全面的能力，人们尝试结合使用大量不同的技术。一些人力图将基于符号或模型的方法与深度学习等亚符号方法相结合。有些人试图创建巨大的知识图谱，以实现广泛的通用知识。

尽管数十年来，大量研究人员一直在为通用人工智能而努力，许多公司也声称自己以此为目标，但显而易见的是，他们的进展十分缓慢。衡量人工智能水平的一个简单方法是给它做一个智商测试。2017年，谷歌人工智能或苹果Siri等免费人工智能的智商最多只有47，相当于一个六岁的孩子。但也有研究人员认为，这些人工智能还无法行走、交谈，甚至无法制作一杯简单的咖啡，这意味着通用人工智能的目标还远远没有达到。

## 模拟大脑

虽然设计、制作通用人工智能可能是众多计算机科学家的首选，但对生物大脑建模和模拟方面的几个重大项目为我们提供了另一条路线。2011年开始的"人类大脑计划"是一项雄心勃勃的计划，它将在十年项目期内花费10.19亿欧元，在所有层面上考察和模拟人类大脑。这是一个争议很大的目标，大多数研究人员认为以今天的技术或知识是不可能完成这一项目的，但那些投身该项目的人员希望，他们在追求这样一个宏伟的愿景时，至少可以取得某些成果，为神经科学和人工智能提供好处。 153

这一庞大的项目只是众多此类项目中的一个而已。美国的大脑计划也始于2013年，由奥巴马政府资助，目的是通过先进的扫描和建模技术来推进神经科学以及对大脑疾病的理解。拥有类似动机的中国脑计划于2015年启动，将持续十五年之久。计算机科学家甚至正在建造大规模神经计算机，专门用于模拟尖峰神经网络。

与机器学习中使用的人工神经网络相比，尖峰神经网络与生物神经元具有更多的相似性。传统的人工神经元根据其输入的函数输出一个连续的值。而尖峰神经元被输入的尖峰激活时，会彼此发射一串尖峰，将信息编码成随时间推移的二进制开/关信号。这意味着尖峰神经网络与传统的人工神经网络相比，可能更适合处理随时间变化的问题。尖峰神经网络需要繁重的计算来模拟真实的神经元（因此需要SpiNNaker等专用硬件）。科学家目前也不清楚如何让它们学习，因 154

## SpiNNaker

SpiNNaker是英国计算机先驱史蒂夫·弗伯的心血结晶。这是他创造出来的一种全新计算机架构，其灵感来自人脑，如今被用于神经科学、机器人和计算机科学。

SpiNNaker由一组专门模拟尖峰神经元的处理器组成。每个处理器又由18个较小的处理器组成（16个用于模拟神经元，1个用于管理，1个备用），其巧妙的设计确保它们能与邻近芯片上的同伴超高速通信。该架构允许众多此类芯片一起并行使用，以模拟数十亿神经元的并行工作，最终目标是连接1 036 800个处理器，这将需要100千瓦的功率——而对于这样巨大的并行计算机来说，这个功率小得令人惊讶。SpiNNaker是支撑欧洲"人脑项目"的主要硬件平台之一。除了用于模拟尖峰神经网络外，研究人员希望他们的工作将有助于未来开发新型的节能大规模并行计算机。

155

为传统的反向传播法在这里并不适用。由于这个原因，尽管尖峰神经网络很有潜力，甚至可以用于打造神经科学模型，让人们更好地理解真实的大脑，但是目前我们并不完全知道如何让它们发挥作用。

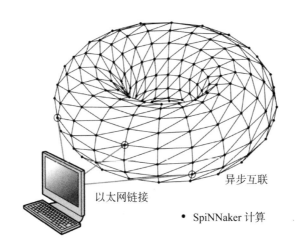

异步互联

以太网链接

• SpiNNaker 计算

　　还有很多研究人员继续在这个领域进行创新。朱利安·米勒开创了被称为笛卡尔遗传编程的进化方法，让计算机得以改进其电子电路。使用笛卡尔遗传编程的方法可以进化出新型神经网络，由此带来了创造通用人工智能的愿景，这极大地激励了他的工作。大多数神经网络是为解决单一任务而训练的，在用于解决其他任务之前必须重新训练，而米勒创造出的人工大脑可以从少量的例子中学会解决多种任务。在他手中进化出来的神经网络会在学习过程中改变神经元的数量，并将同一神经元重复用于不同的问题。

156

### 超越无限

并非所有人都对通用人工智能的益处持乐观态度。一些未来学家、哲学家和科幻小说家对这种技术最终可能导致的结果做出过可怕的预测。他们声称，一旦人工智能聪明到可以开始自我设计，就会出现失控的反馈回路。突然之间，聪明的人工智能就可以制造出比它更聪明的人工智能，如此周而复始。这一论点通常以摩尔定律为依据，该定律指出，芯片中的晶体管数量大约每两年翻一番（其推论是，处理器的速度将每18个月翻一番）。这些人认为，随着计算机的速度呈指数级增长，超级聪明的人工智能肯定要成为一种不可避免的现象。我们总有一天会达到一个"技术奇点"，当人工智能的增长再也无法控制时，它可能会给人类带来灾难。

**我正在挑战通用人工智能领域的登月难题。我认为我们需要研究更复杂的神经元模型，特别是可以复制和死亡的神经元模型。**

**——朱利安·米勒（2019）**

**我把奇点的日期——那时的人类能力将有深刻的颠覆性变化——定为2045年。人类在那一年创造的非生物智能将比今天所有的人类智能强大10亿倍。**

**——雷·库兹韦尔（2005）**

这种想法在电影和科幻小说中非常令人着迷，但在现实世界中应该谨慎对待。人工智能技术的发展得益于计算能力的增长，以及新近出现的大量数据集可以用来训练机器学习算法。但人工智能的进步总是源于算法的发展，而非处理器的加速。（而人工智能的冬天会出现，是由于算法无法匹配热切的炒作，从而引起巨大的失望。）每种算法都提供了令人兴奋的新可能性，但没有一种算法可以解决所有问题。新的问题需要新的算法来解决（就像我们执行的各种不同任务会利用大脑的不同区域一样），创新的步伐受限于我们创造新算法的能力，以及我们理解智能本质的能力。

158

如果我们有一条捷径，能让计算机自行完成设计，那该有多好。但是哪怕有遗传编程等方法，我们还是很难让计算机自行设计出更好的算法（如果没有人指挥它们这么做，它们为什么要去做呢）。今天，我们有数以千计的人类科学家使用最新的计算机，试图制造新的人工智能。如果我们自己都难以创造出新型智能，那些远不如我们聪明的人工智能又怎么能做得更好呢？

**想要先理解关于认知的基本科学，我们需要先弄清楚"奇点临近"的观点为什么无法说服我们。**

**——保罗·艾伦，微软联合创始人（2011）**

我们甚至不能指望指数级增长能带来什么好处。事实证明，虽然可能存在指数级增长，但它几乎肯定对我们不利。每当我们试图让人工智能变得更聪明一丁点，其能力就会以指数级扩展，而它失败的机会也呈指数级增长，因此我们为确保设计无误而做的测试和实验就必须比以前多得多。总而言之，到目前为止的人工智能研究的证据表明，越复杂的能力意味着越缓慢、越困难的进步。物理学告诉我们，越接近光速，我们就需要越多的能量来加速。随着智力的提高，类似的情况似乎也会出现：提高智力的能力变得越来越困难。地球上很少有生物拥有像我们一样复杂的大脑，它经过35亿年的进化测试才创造出如今存在于世的几种设计，这可能并不是巧合。

159

　　我们可以放心，未来不会有奇点，也不会有失控的人工智能。我们专注而勤奋的计算机科学家和工程师将继续他们的研究，慢慢发明新的算法，提供有用的人工智能工具，让我们的生活更加安全和方便。我们有可能永远实现不了像人脑一样先进的人工智能。就算能做到，也可能需要假以地质学尺度的时间。

## 人工智能的未来

　　我们所知的大多数人工智能的研究和产品都与超级智能或通用人工智能无关。它们都致力于为具体问题寻找专门的解决方案。新的聊天机器人会接管客服中心的普通查询；新的无人驾驶算法会协助我们在高速公路上开车，或帮我们停车；先进的工业机器人将令枯燥的生产过程进一步自动化；故障检测系统会确保我们的工厂生产出合格的产品；可穿戴智能设备会更早地检测出健康状况的异常；社交机器人会为老年人或弱势群体提供慰藉和照顾；互联网机器人能回答我们的语言提问；防诈骗检测系统会监测我们的交易，160并在我们的银行或身份信息可能被盗时提醒我们。无论是哪一类人工智能，都是设计出来帮助我们的专门技术。将来还会有令人震惊的新人工智能出现。它们将成为我们社会的一部分，甚至通过可穿戴计算系统和智能假肢而成为我们的一部分。

可惜的是，并不是每个人都喜欢这种未来前景。正如我们在第三章中所看到的，有些人预测可能会有数百万个工作岗位因人工智能和机器人而流失。工厂机器人会取代工人吗？聊天机器人会取代在客服中心工作的接线员吗？对于这些问题和其他类似的问题，答案很可能是肯定的。但这一事态进展与人类技术史一样古老。我们每采用一项新发明，都会改变人们的生活方式和工作方式。旧的专门手艺会过时，同时新的专业知识会出现。今天铁匠很少，但工人很多。明天可能工人会减少，但会有许多机器人管理员和维护工程师。如今的技术变化很快，所以我161们的社会也在快速变化，而新的机会也同样会飞速产生。无人驾驶汽车将需要一套新的道路基础设施和新的销售和维护方式。游戏行业正在蓬勃发展，需要从计算机模拟专家到作家、演员的各种人才。数据存储和分析（事实上是所有与数据有关的业务）正在蓬勃发展，每天都能发明出新的工作岗位。社交媒体会成为新的广告渠道，创造出新的工作和职业。由人工智能和可穿戴设备驱动的新式互动娱乐正在到来。每一种新技术都需要新的工作人员去创造它、设置它、测试它、监管它、使用它、修复它。今天的工作已经今非昔比了。这就是人类的进步，而不单是人工智能或机器人的进步。

归根结底，也许是因为我们对自身的兴趣，人工智能和机器人总是让我们着迷，也会在某些情况下让我们感到不适。在我们发明的各种技术中，人工智能的独特之处在于，开发它的过程能教会我们关于大脑和身体如何运作的深刻道理。为了成功构建出我们的人造子女，我们必须仔细检视我们自身和我们的行为方式。我们将学到，人与人之间的互动如何能帮助个人成长和团结协作。我们将明白情绪和自我意识的作用，以及我们如何做出决定的方方面面。我们将学到我们在现实世界中的行为如何影响我们自己和他人。我们将学习什么是道德，了解道德以及对生命的尊重应该如何嵌入我们所做的一切。我们将明白我们与环境密切相关：环境会改变我们，正如我们也会改变环境一样。人工智能是一趟持续的发现之旅。这条漫长而艰难的道路也许能教会我们成为更好的人。

# 词汇表

**抽象**：简化事物，聚焦到最相关的细节的过程。

**激活函数**：在人工神经网络中，激活函数对输入进行怎样的转换，定义了一个神经元的输出。

**促动器**：一个产生运动的部件，如电动马达、液压或气动活塞。

**情感计算**：（或称情感人工智能）人工智能的一个分支，致力于用计算机来模拟、识别和处理情感。

**基于代理的建模**：把多个软件代理结合起来使用，以模拟自然或物理系统的做法。

**算法**：计算机用于执行一个具体任务的方法。

**人工免疫系统**：模仿自然免疫系统工作的算法。

**人工智能**：也称作机器智能、智能系统、计算智能。关于智能代理的研究，计算机科学研究的一个分支，致力于让计算机实现它们目前无法达到的目标。

**人工神经网络**：由大脑的神经网络工作机制启发而开发出来的机器学习算法。

**无人驾驶汽车**：或称自动驾驶汽车。由人工智能控制的车辆，部分或全部接管车辆驾驶的任务。

**自动机器人**：行为表现出高度自治性的机器人。

157

**反向传播**：训练人工神经网络的方法。

**行为树**：一种用于描述一个机器人或代理如何在任务之间进行切换的图表。

**大数据**：需要专门分析的庞大数据。

**二叉树**：一种每个节点最多只有两个子节点的树状结构。

**玻尔兹曼机**：也叫带隐藏单元的随机霍普菲尔德网络，一种随机循环神经网络，使用对称连接的神经元，随机决定每个神经元的开关。

**胶囊神经网络**：一种基于生物神经组织的人工神经网络，其对层级关系的建模胜过传统神经网络。

**聊天机器人**：也称会话界面、人工会话对象。一种用来模拟会话的人工智能。

**认知科学**：对思维进行跨学科、系统性研究的学科。

**组合优化**：在可能的解空间中寻找一个或多个最优解的过程。

**组合学**：对所有可能的解决方案或配置进行枚举，或找出总空间的大小。也用于专门研究结构的排列或配置的枚举、存在、构建和优化的领域。

**复杂系统**：能表现出不可预测的行为的自然或人工系统，那些行为由组件之间较简单的相互作用自发产生。

**计算创意**：也称人工创意、创意计算。创造和研究能产生令人惊讶、不寻常或创造性结果的算法。

**计算神经科学**：也称理论神经科学、数学神经科学。使用数学模型对大脑进行理论分析。

**计算机视觉**：用于处理、解释和理解图像和视频的算法。

**卷积神经网络**：一种常用于视觉的深度神经网络算法。

**数据科学**：一个跨学科领域，旨在利用数学、统计学、信息科学和计算机科学从数据中提取知识和洞见。

**数据集**：与特征或变量相关的值的集合，用于机器学习的学习过程。通常分为三种：训练集，用于训练算法；验证集，用于调整算法的参数；测试集，用于考察从这些数据学到的模型的准确性。

**决策树学习**：一种使用决策树进行预测建模的算法。

**深度学习**：一种机器学习方法，通常基于具有多个隐藏层的人工神经网络。深度学习有监督的、半监督的或无监督的三种模式。

**分布式人工智能**：使用多个代理协同工作来解决一个问题。与多代理系统领域相关，也是该领域的前身。

**效应器**：也称末端效应器、操纵器、机械手。通常放置在机械臂末端，与环境互动的装置。根据机器人的功能，它可能包括一个抓取物体的夹子，或其他科学仪器。

**进化计算**：一系列受生物进化启发的优化算法，

包括遗传算法、粒子群优化和蚁群优化。

**专家系统**：一种基于规则的算法，旨在利用存储的知识库来模拟人类专家的决策能力，通常采用的规则形式是"假如……那么"。

**适应函数**：也称评价函数、目标函数。评估一个解的优劣、生成适应度分数或数值的方法；常用于优化算法，如遗传算法。

**框架**：一种数据结构，用于组织具有"定型情况"的知识；与面向对象编程中的类有关。

**模糊逻辑**：一种使用语言变量的多值逻辑形式。

**博弈论**：对理性决策者之间互动的简单模型的研究。

**难解**：难以在实际的时间内得到解决。一个问题难解，意味着没有高效的算法来解决它。

**内核方法**：一种用于模式分析的机器学习算法，例如支持向量机。

**基于知识的系统**：与专家系统有关。使用推理引擎对知识库进行推理的程序，通常以本体或规则集的形式存储。

**机器学习**：为了在数据集内归纳或推导出模式或类别，而对算法和统计模型进行的科学研究。

**多代理系统**：使用多个相互作用的智能代理，以解决规模更大的问题的算法。

**自然语言处理**：人工智能的一个分支，专注于分析文本或其他非结构化的自然语言数据。

**在线机器学习**：一种连续的机器学习方法。随着时间的推移，它会在收到新的数据时自动更新内部模型，使其能够适应新的模式。

**知识本体**：对概念、实体和数据之间的类别、属性和关系的表示、命名和定义。

**强化学习**：一种机器学习方法，主要研究如何为一种环境中的软件代理选择行为，以使得累积奖励最大化。

**受限玻尔兹曼机**：一种生成随机人工神经网络，可以学习其输入集的概率分布。

**机器人学**：工程学和科学之间的一个跨学科领域，侧重于机器人的设计、建造、操作和使用，以及其控制、感知反馈和信息处理的算法。

**搜索算法**：一种使用搜索概念来寻找解决方案或选项的算法，以此来优化或解决一个问题。

**语义网**：也称数据网络。一个在网页内对数据进行标记的框架，这样数据就可以在不同的应用和系统中共享和重复使用，并容易被人工智能所理解。

**解算器**：一种软件，将问题描述作为输入并计算其解决方案，通常使用搜索。

**强人工智能**：假想中的、目前尚未实现的类似于生物智能的人工智能形式，在计算机中实现了通用的智能，而且这种智能不是模拟出来的。

**语音识别**：也称计算机语音识别、语音转文本。人工智能和计算语言学的一个分支，能够使用计算机识别口语并将其转录成文本。

**尖峰神经网络**：一种设计更符合生物学原理的人工神经网络，实现方式是神经元相互发射尖峰链。

**符号逻辑**：不用普通语言，而用符号和变量表示逻辑表达式的方法。

**时间步长**：一段离散的时间。用于离散模型和机器人控制器，将时间切成可管理的小块，以便根据传感器的值来迭代计算动作和行为；一个时间步长的例子可能是每毫秒一个或每秒一个。

**晶体管**：一种"电子开关"，使用电信号来控制电流的流动。通常用硅等半导体材料制成，至少有三个引脚能接进电路中。

**弱人工智能**：也称狭义人工智能。其算法旨在解决一个明确定义的任务，有时通过模拟真正的智能来解决。目前所有的人工智能方法都是弱人工智能。

# 延伸阅读

一部关于计算机科学（包括人工智能）的浅显历史：

*Digitized: The Science of Computers and How it Shapes Our World*, by Peter J. Bentley, Oxford University Press.

对于当今人工智能的一种理性看法：

*Artificial Intelligence: A Guide for Thinking Humans*, by Melanie Mitchell, Pelican Books.

对于人工智能广泛影响的深刻挖掘：

*Rage Inside the Machine: The Prejudice of Algorithms, and How to Stop the Internet Making Bigots of Us All*, by Robert Eliot Smith, Bloomsbury Business.

对于当今人工智能局限性的一种现实看法：

*Rebooting AI: Building Artificial Intelligence We Can Trust*, by Gary Marcus and Ernest Davis, Ballantine Books Inc.

关于人工智能未来可能的经济和社会影响的精彩观点：

*AI Superpowers*, by Kai-Fu Lee, Houghton Mifflin Harcourt.

关于社交机器人及其使用的实际经验：

*A Compassionate Guide for Social Robots*, by Marcel Heerink, E3.

谈及被人工智能打败，然后吸取经验教训是怎样的感觉：

*Deep Thinking: Where Machine Intelligence Ends and Human Creativity Begins*, by Garry Kasparov, John Murray.

一位数学家对人工智能创造力的看法：

*The Creativity Code: Art and Innovation in the Age of AI*, by Marcus Du Sautoy, Fourth Estate.

关于情感计算的极具原创性的好书：

*Affective Computing*, by Rosalind Picard, MIT Press.

一本关于机器人和人的经典作品：

*Flesh and Machines: How Robots Will Change*

*Us*, by Rodney Brooks, Pantheon Books.

对"中文房间"内部的详细探索：

*Views into the Chinese Room: New Essays on Searle and Artificial Intelligence*, edited by John Preston, Oxford University Press.

控制论和人工智能的历史：

*The Mechanical Mind in History*, by Philip Husbands, Owen Holland and Michael Wheeler, MIT Press.

来自人工智能之父的经典著作：

*The Society of Mind*, by Marvin Minsky, Simon & Schuster.

快速而全面地了解机器学习：

*The Hundred-Page Machine Learning Book*, by Andriy Burkov (self-published).

关于如何在营销中使用聊天机器人的实用点子：

*Conversational Marketing: How the World's Fastest Growing Companies Use Chatbots to Generate Leads 24/7/365 (and How You Can Too)*, by David Cancel and Dave Garhardt, John Wiley and Sons.

写于一个新领域开端的经典之作：

*Artificial Life: The Quest for a New Creation*, by Steven Levy, Jonathan Cape Ltd.

关于影响人工智能的因果关系的一部晦涩作品：

*The Book of Why: The New Science of Cause and Effect*, by Judea Pearl and Dana Mackenzie, Penguin Books.

一位物理学家对人工智能和我们的未来的思考：

*Life 3.0: Being Human in the Age of Artificial Intelligence*, by Max Tegmark, Penguin Books.

一位焦虑的哲学家对人工智能的看法：

*Superintelligence: Paths, Dangers, Strategies*, by Nick Bostrom, Oxford University Press.

一位持怀疑态度的数学物理学家对人工智能的看法：

*The Emperor's New Mind: Concerning Computers, Minds and the Laws of Physics*, by Roger Penrose, Oxford University Press.

一个关于人工智能未来的备受争议的观点：

*The Singularity is Near*, by Raymond Kurzweil, Duckworth.

# 索 引

（条目后的页码为原书页码，参见本书边码）

# 译后记

从2016年AlphaGo击败人类顶尖棋手，到2023年ChatGPT聊天机器人风靡全球，我们迎来了一个人工智能发展日新月异、突飞猛进的时代，而它同样也是一个全社会对人工智能的喜爱和忧虑都日益突出的时代。这本小册子简单梳理了人工智能发展的历程，概略介绍了人工智能各个方向最主要的方法与成就，希望能帮助读者迅速全面地了解人工智能的方方面面。

1950年，计算机理论和人工智能先驱阿兰·图灵提问："机器会不会思考？"[1]1984年，荷兰计算机科学家、图灵奖得主戴克斯特拉回答："问计算机会不会思考，就像问潜水艇会不会游泳。"[2]这个回答后来成了各路人士反复引用的经典名言。计算机和人脑的运作既

---

[1] 参见原论文"Computing Machinery and Intelligence"，意为"计算机器与智能"（https://academic.oup.com/mind/article/LIX/236/433/986238）。图灵在论文中设想了一套验证机器会不会思考的方法，称为Imitation Game（模仿游戏），后世一般把这套方法称为图灵测试。

[2] 参见戴克斯特拉的一次主题演讲"The Threats to Computing Science"，意为"对计算科学的威胁"（https://www.cs.utexas.edu/users/EWD/transcriptions/EWD08xx/EWD898.html）。

有相似之处，也有不同之处，就像潜水艇的水中运动和鱼类既有相似之处，也有不同之处。关于会不会思考或游泳的问题，如果我们非要回答，答案就取决于我们怎么定义思考或游泳：这些概念包含了哪些特性，这些特性里头有多少落在相似之处，又有多少落在不同之处。从现实角度看，也许这些问题都无关紧要，我们不需要去操心它们会不会思考或游泳，只要利用计算机和潜水艇对我们有用的特性就行了。

但就算知道这一点，还是会有许多人不自觉地担忧计算机哪一天会思考，会拥有自我意识。

2022年6月，谷歌工程师布莱克·勒穆万对外宣称谷歌开发的用于会话的LaMDA大语言模型有了意识，并把他和LaMDA之间的一系列对话放到网上，引起了很大的轰动。LaMDA在那些对话中对答如流，完全不像以往别的聊天机器人那样磕磕绊绊（参见第七章），甚至能写出一个新的寓言故事，能对一个禅宗故事做出深刻的解释。这不仅让许多人惊叹，也确实让许多外界人士开始惊恐担忧。然而谷歌官方和整个业界都认为工程师过度解读了LaMDA的聊天技能，实际上LaMDA自己也并不理解自己在说什么（参见第二章关于"中文房间"的解释）。

LaMDA是一个用1.56万亿个单词的语料库（包括公开的对话和一般网络文本）训练出来的神经网络，它拥有1 370亿组参数，能从海量的文本中总结出语言的许多深层结构，属于现在比较常见的基于

Transformer架构的大语言模型。[1]从原理上看，这个系统擅长的是给定一个输入序列，预测接下去的一串单词是什么。用于会话的时候，这个系统可能会针对每一个输入的问题，产生几十个不同的回答，然后按照一定规则打分，把得分最高的回答输出去。这几十个不同的回答本身可能互相矛盾，不过系统不知道也不关心它们是否互相矛盾。而且有时随机性也会起一些作用，即使面对同一个问题，每个回答的每次得分可能会不一样，这一次是这个得分最高，下次可能是另一个相反的答案得分最高。另外由于资源限制，这个系统只能记得相当于过去几千个单词的对话，如果对话更长的话，它就容易忘记更早的前文。当然要类比的话，这也类似人类自己经常有的健忘情形，我们有时开口说话之前自己也不知道自己的观点应该是什么，可能会有几个观点在我们的大脑中迅速交战一会，最后说出去的话就成了我们以后要坚持的观点；但我们也有时并不总是坚持同一个观点，下次再碰到同一个问题时，我们就有可能忘了上次是怎么回答的，也有可能被一些什么因素改变了观点，再次回答出来的可能就是完全不同的答案。

　　实际上，作为LaMDA的基础，Transformer架构可以算是近十年来神经网络技术的最大突破，自

---

1 参见原论文（https://arxiv.org/abs/2201.08239）。

2017年发表以来已迅速获得越来越广泛的应用。[1]以前不同领域的人工智能往往倾向于使用不同的方法来达到最优效果，但现在由于Transformer的表现实在太优秀，业界有许多人认为类似或基于Transformer的架构可能会成为一统人工智能大部分领域的方法。[2]这是因为跟以前的架构比起来，Transformer架构一方面更擅长在很长的一个输入序列里找到和记住相距很远的两个单元之间的联系，另一方面还允许大规模并行的训练。这样我们就进入了堆机器和堆数据就可能训练出高质量大模型的时代，这在一些资源雄厚的机构之间引发了"军备竞赛"，它们训练出来的模型越来越大，效果也越来越好。

不妨再举几个Transformer架构令人瞠目结舌的应用。

OpenAI实验室在2021年发布的GPT-3模型[3]也是一个类似LaMDA的大语言模型，它能根据一两句话的提示，写出像模像样的长篇大论，包括论文、小说、诗歌等等。但这个模型只开放给一小部分人试用，公众没有办法亲身体验。2022年11月，基于GPT系

---

1　参见原论文（https://arxiv.org/abs/1706.03762）。

2　参见*Quantum*杂志文章（https://www.quantamagazine.org/will-transformers-take-over-artificial-intelligence-20220310/?utm_source=pocket_mylist）。

3　参见原论文（https://papers.nips.cc/paper/2020/hash/1457c0d6bfcb4967418bfb8ac142f64a-Abstract.html）。

列语言模型的 ChatGPT 聊天机器人向公众开放[1]，在短短两个月内吸引了上亿用户，成为历史上达到月活上亿用户最快的应用，一时成为舆论的热点。大家发现 ChatGPT 可以在人们的提示下完成许多令人匪夷所思的文字工作。它可以帮你编写程序代码，可以像真人朋友那样谈天说地，有时候甚至会说出睿智深邃、引人深思的话。ChatGPT 似乎在方方面面都有无限的潜力可以挖掘，由此激发了人们极大的兴奋与热情。许多人认为这是人工智能改变人类历史的最重要节点。

同样出自 OpenAI 实验室的 DALLE-2 模型[2]能根据一两句话的提示生成各种以前不存在的图片，经常拥有令人惊艳的效果，比如一句"莫奈风格的画：狐狸坐在日升的田野里"，或"宇航员骑马，像照片一样真实的风格"。谷歌发布的 Imagen 模型[3]也类似，它能根据语言提示来生成以前不存在的图片，并且输出的图片比 DALLE-2 看起来更真实，对语言的理解也更准确。其背后的原因也许是模型的训练集更大。谷歌发布的 PaLM 模型[4]甚至能解释笑话，因为许多笑话的笑点在于特定词汇的双关性，而普通人没法了解所有领域的双关词，有时面对笑话会不知道笑点在哪里，而 PaLM 模型之所以能够用外行人能理解的语言尽量

---

1 参见 OpenAI 网站（https://openai.com/blog/chatgpt/）。
2 参见 OpenAI 网站（https://openai.com/dall-e-2/）。
3 参见谷歌网站（https://imagen.research.google/）。
4 参见原论文（https://arxiv.org/abs/2204.02311）。

简明扼要地解释笑话里的双关是在什么地方，靠的是 5 400亿参数的神经网络从海量文本中学习到的一些深层语言结构。

当然，当所有这些模型输出好的结果时，我们会惊叹，但若是反复试验，细究下去，它们有些时候也会输出全无道理的结果，显示出它们并没有真正理解我们在说什么。比如DALLE-2和Imagen的初始版本都区分不了"宇航员骑马"和"马骑宇航员"这两句话，输出的都是"宇航员骑马"的图片[1]，可能是因为"马骑宇航员"这个说法太古怪，现有素材库训练出来的模型找不出合适的办法来生成直接对应的图片，就用模型中比较接近（但对人类来说意义完全相反）的"宇航员骑马"生成图片，因为素材库里本来就有很多宇航员摆各种姿势的图片，也有很各种人物骑马的图片，"宇航员"和"骑马"这些要素比较容易结合起来生成新图片。

又比如你要让原始的GPT-3和LaMDA等大语言模型回答四则运算问题，如果是三位数以内的加减乘除，那它们都能答对，可能是因为语料库里本来就有这些问题的现成答案；但要求计算的位数越多，它们回答的准确率就越低，这可能反映出这些语言模型虽然掌握了语言的一些深层结构，擅长纯文字的对话，也能做

---

1  参见原论文（https://medium.com/aiguys/googles-imagen-vs-openai-s-dalle-2-f760b60de800）。

一些推理，但并没有真正掌握四则运算的规则。当然这其实也类似于没有受过严格四则运算训练的人类，比如美国的基础教育不要求熟练掌握四则运算，所以很大一部分人读到大学了还是不会心算两位数以上的加减乘除。他们聊别的话题可以滔滔不绝，妙语如珠，但问他们100除以25等于多少，他们就会语塞。

从这个角度来看，其实这些大语言模型很可能已经可以通过传统意义上的图灵测试了，毕竟普通人类能进行的对话，它们也能进行；它们答不上来的东西，很多普通人类也答不上来。然而就算通过了图灵测试，它们显然也并没有自主意识。

如今的人工智能进展已经超越了当初的图灵测试，时代呼唤着新的测试标准。2022年6月，BIG-bench[1]应运而生。这是一个很大的合作项目，集结了四百多位作者，囊括了从儿童发育、数学到社会偏见等各方面的专家，定义了数百个测试任务，难度远超现有的语言模型所能企及的程度，以此衡量今后语言模型的发展。当然这篇论文并没有声称要验证人工智能会不会思考，因为我们现在已经知道，一方面这个问题意义不大，另一方面通用人工智能也不仅仅是语言模型。

另外，我们现在也注意到，大语言模型似乎自发涌现出了一些神奇的性质和能力，在模型大到一定规

---

1 BIG(Beyond the Imitation Game)，超越模仿游戏。参见原论文（https://arxiv.org/abs/2206.04615）。

模之前，我们是想象不到的（关于自然界和计算机系统的其他涌现现象，参见本书第八章）[1]，比如"情境学习"（in-context learning）的能力。在同用户进行会话的过程中，当大语言模型面对一项新任务，它似乎能根据用户给出的几个例子，推广出新任务的一般规律，即使类似任务在训练素材中从未出现过。这个神秘的能力是怎么来的，目前学界并没有公认的解释。[2]

实际上，人工智能近年的许多进展都是实践先行，理论滞后的：先有人试出来这么做效果好，大家重复试验之后确认效果好，但没人知道背后的数学机制，然后可能有人会去探究，试图给出解释。比如GPT-3有个参数是"温度"，取值0.8时效果最好，没人知道为什么；比如上文提到的DALLE-2和Imagen之类根据文字提示生成图像的系统，底层采用了一种"扩散模型"，但"扩散模型"为什么能有这么好的效果，目前也没有公认的精确解释。

大语言模型能够在大量训练素材中学习到深层的语言结构。这一现象的一个表现是，它似乎能在相距很远的不同事物间建立联系。这些联系大致可以分为三种。第一种是对我们没有实际意义的联系，这往往体现在会话的时候，大语言模型会一本正经地捏造事实、张冠李戴，我们要从别的途径确认模型说的到底

1　参见论文（https://arxiv.org/abs/2206.07682，以及https://arxiv.org/abs/2211.15661）。
2　参见论文（https://arxiv.org/abs/2111.02080）。

对不对；第二种是对我们有实际意义，而且我们事先知道的联系，但我们往往想不到大语言模型也能发现这种联系，跟它会话的时候会被吓一跳；第三种是有实际意义，但是我们此前不知道的联系，这种联系可以帮助我们发现新知识，产生新创意。[1]我们推进人工智能，一个努力方向就是要尽量减少第一种联系，增加第二、第三种联系的比例。

至少到目前为止，我们训练出来的单个人工智能模型，似乎都只能做一些有限范围内的事，虽然可能做得比过去更好，但做不了有限范围以外的事情，也不像人脑这么通用灵活，一个脑袋可以做好许许多多不同范围的事。如今，已经有一些实验室在进行通用性的尝试，比如DeepMind团队开发的GATO模型，既能打游戏，又能聊天，还能用机械臂搭积木，其底层用的也是Transformer架构的神经网络，这是一个值得关注的努力方向。但我们也许仍然需要新的技术或概念性突破，才有可能引导人工智能模型发展到全面接近人脑的水平。比如要让机器聊天时能做四则运算，可能需要找到合适的方法在语言模型中引入一些抽象的既定规则，而不是放手让神经网络自己去从海量文本实例中寻找和总结规则。也许只有当我们能完全搞清楚人脑的发育学习是怎样从少量实例中掌握那

---

1 参见论文（https://papers.ssrn.com/sol3/papers.cfm?abstract_id=4322651）。

些规则然后广泛应用，并在计算机中模拟类似的过程时，我们才能实现进一步的突破。

得益于资源雄厚的大公司的不断投入，如今业界训练的神经网络模型变得越来越大了，而且有迹象表明，在许多种不同任务中，模型越大表现就越好。我们还没有撞上曾有人预测的、投入再多资源也见不到明显改进的那堵墙。至于那堵墙会不会在将来某个时刻冒出来，挡住所有人工智能的进展，就像前几次人工智能的寒冬一样，我们现在还不清楚。

但是另一方面，我们投入的这许多计算资源，训练的这许多大模型，对社会、对环境会有哪些负面影响，倒也是个值得时刻警惕和反省的问题。幸运的是，学界和业界对此都很重视，已经有许多人在研究估算负面影响的程度[1]，并探索怎样防范负面影响。

比如传统人工智能方法经常指定一个优化目标，于是系统可能会不择手段地达到它要优化的目标，不管过程中会造成什么破坏。这也成了一些黑暗的科幻作品的背景或母题。于是，有一些研究者试图在优化目标之外，在人工智能框架里正式引入一些受保护的状态，禁止系统去改变那些状态[2]，或者通过一系列人工指定的元规则让人工智能来训练新的人工智能[3]，希望最终能借此避免系统不择手段的做法。

---

1　参见论文（https://dl.acm.org/doi/10.1145/3442188.3445922）。
2　参见论文（https://arxiv.org/abs/2204.10018）。
3　参见原论文（https://www.anthropic.com/constitutional.pdf）。

又比如本书中提到过的人工智能里出现的关于种族、性别偏见的问题，现在也有许多系统性的研究在探索怎样发现和防止人工智能里有意或无意的偏见，进而促进公平。[1]

再比如机器学习训练需要的算力、电力，对环境会造成什么影响？有研究估算，训练一次大语言模型产生的碳排放，相当于5辆汽车整个使用年限中的碳排放[2]，这看起来好像不多，但现实中这些模型都是需要多次反复训练调整的，而且许多研究项目如果不成功的话，并不会公开发表，真正公开发表出来的模型只是冰山一角。当然，跟市场另一角落，同样在近年造成巨大的电力需求和环境影响的加密货币比起来，这些人工智能的学习训练至少是在尝试推动社会进步，做对社会有益的事。既然这个领域要对社会有益，我们就需要正视其可能的有害影响，尽量想办法优化资源，减少负面影响，不能因为别的领域在胡作非为，在这个领域也就心安理得跟着胡作非为。

近年来，人们对人工智能的最大担忧之一，是它可能迅速取代许多人的工作，会导致大规模的失业，使得越来越多的人无工可打，养不活自己。本书介绍了一种被许多人所分享的观点：历史上每次科技变革都会淘汰一大批旧的工作岗位，但也会创造出一大批

---

1 参见原论文（https://dl.acm.org/doi/abs/10.1145/3457607）。
2 参见原论文（https://arxiv.org/abs/1906.02243）。

新的工作岗位，人们需要做的是尽量学习新技能，好胜任新工作。但另一种看法认为，这次人工智能革命来得太快了，人们学习新技能的速度越来越赶不上工作被机器取代的速度；加上现在人类的平均寿命比历史上任何时期都长很多，人们需要养活自己的时间也比以前长很多，因此长时间无工可打的境遇会比以前更悲惨。西方的一部分经济学家认为，人工智能提高生产效率所产生的巨大利润、带来的巨大好处，不应该只由少数有钱人占有，而应该由全人类社会共享，因此应该改革分配制度。比如自动化程度更高的公司的税负比例应该更高，应该推广全民无条件基本收入（UBI）制度等。不过，这些主张目前都还有许多争议，并没有成为主流共识。

人工智能的时代扑面而来。了解、拥抱、改进人工智能，防止可能的危害，推动社会进步，是我们每一个人都可以关注、可以尝试的。希望人工智能带给我们更美好的社会，更光明的未来。

许东华

2023年3月